数字电网
基础知识与实践

Fundamentals and Practice of
Digital Power Grid

南方电网数字电网集团有限公司　编

中国电力出版社
CHINA ELECTRIC POWER PRESS

内 容 提 要

建设数字电网是推动我国能源绿色低碳转型、支撑经济高质量发展的重要途径。本书旨在帮助读者更好地理解电网数字化转型的内在规律和主要特征,并为推动电网数字化转型提供参考。

全书分为基础篇和实践篇:基础篇主要介绍电力系统及数字电网基础知识,帮助读者理解电网数字化转型的底层逻辑和数字电网的内涵特征;实践篇选取电网规划建设、调度运行、安全生产、市场营销等电网核心业务的数字化转型场景进行深入分析,助力电力从业者了解传统业务如何数字化转型、洞察数字业务未来发展趋势。

本书兼顾普及性和专业性,不仅适合作为大专院校相关专业的教材,也可以作为电网企业管理人员、专业技术人员和 IT 从业人员日常学习和工作的参考用书。

图书在版编目(CIP)数据

数字电网基础知识与实践／南方电网数字电网集团有限公司编 . —北京: 中国电力出版社,2023.6 (2025.1 重印)

ISBN 978-7-5198-7849-8

Ⅰ.①数… Ⅱ.①南… Ⅲ.①数字技术－应用－电网－电力系统 Ⅳ.① TM727-39

中国国家版本馆 CIP 数据核字 (2023) 第 088505 号

出版发行: 中国电力出版社
地　　址: 北京市东城区北京站西街 19 号 (邮政编码 100005)
网　　址: http://www.cepp.sgcc.com.cn
责任编辑: 赵　杨 (010-63412287)
责任校对: 黄　蓓　李　楠
装帧设计: 郝晓燕
责任印制: 石　雷

印　　刷: 北京锦鸿盛世印刷科技有限公司
版　　次: 2023 年 6 月第一版
印　　次: 2025 年 1 月北京第四次印刷
开　　本: 710 毫米 ×1000 毫米　16 开本
印　　张: 12.25
字　　数: 186 千字
定　　价: 76.00 元

数字电网
基础知识与实践

—————————— 编委会 ——————————

主 任　　李　欢

副 主 任　　郭晓斌
委 员　　（按姓氏笔画排序）

李远宁　张诗军　陈柔伊　明　哲　周尚礼　周强辅
赵　铭　赵继光　姚森敬　徐　键　曹　旭　梁锦照
韩宪鸿　曾梦妤　詹卫许

主 编　　曾梦妤
编写人员　　甘　露　周思敏　浦　迪　王　朋　周慧之　熊洁旖
张培楠　张俊龙　谢　炯　程凌森　吴新桥　杨倩影
韩利群　蔡文婷　周　珑　崔　焱　江　雄　王　昊
惠小东　郑灶贤　胡学强　张　凡　于秋玲　李　凡
卢铭翔　侯　剑　谢　虎　谢型浪　吴　玥　卢辅钊
郭志诚　汤平瑜　杨　锴　李斯陶　庞玉婷　张绮琪

前言

21世纪以来，在信息技术基础上发展的云计算、大数据、物联网、移动互联、人工智能等数字技术，逐步成为推动社会变革的重要力量，带领人类社会步入第四次工业革命阶段。

当前，新一轮科技革命和产业变革向纵深推进，数字技术和实体经济深度融合，探索经济增长新动能、新路径，成为当前我国经济发展逻辑主线之一。随着"四个革命、一个合作"能源安全新战略和碳达峰、碳中和（简称"双碳"）目标的提出，我国经济社会进入全面绿色低碳转型新阶段，电力行业作为转型主力军，其首要目标就是要构建高效释放电能"绿色价值"的新型电力系统。电网企业作为能源转换利用和资源配置的枢纽平台，高度重视数字技术与能源科技融合，赋能传统电网转型升级，建设数字电网，以数字电网推动构建新型电力系统建设。数字电网对于推动"双碳"目标有效落地、支撑新型电力系统建设具有重要意义，将成为推动数字经济发展的重要引擎。

本书结合电网企业数字化转型的内在规律，面向不同读者需求，全方位、多角度展示数字电网理论体系和实践成果。全书分为基础篇和实践篇，共7章。基础篇（第1～3章）介绍电力系统基础知识，系统阐述数字电网基本概念和内容框架，并论述了数字电网对支撑构建新型电力系统的重要作用；实践篇（第4～7章）分别围绕电网规划建设、调度运行、生产运行、市场营销等电网核心业务的数字化转型场景进行深入分析。

本书由南方电网数字电网集团有限公司数字经济研究中心统筹组织，数字电网科技公司、数字企业科技公司、数字平台科技公司、研发中心（新型系统所）、技术标准中心、计量中心、信通公司和大数据公司参与编写。曾梦妤担任本书主编，编写大纲和各章节内容要点，并对全书各章节内容进行统稿和优化；第1章由浦迪、王朋等编写；第2章由周慧之、周思敏、浦迪、熊洁旖等编写；第3章由王朋编写；第4章数字规划部分由甘露、周珑、吴玥等编写，数字基建部分由周思敏编写；第5章由甘露、谢虎等编写；第6章数字输电部分由周思敏、吴新桥等编写，数字变电部分由周思敏、程凌森、李凡等编写，数字配电部分由王朋、张培楠、韩利群等编写，数字生产系统部分由周思敏编写；第7章由浦迪、江雄等编写。

感谢梁寿愚、潘旭辉、马溪原、王名俊、赵莹、李文朝、王巍、高卫东、练依情、宋学清、段海燕、张延旭、张晓明、卢纯颢、于明、谭晓虹、朱德燕、何承瑜、林钰杰、严杰峰、左剑、李国强、张练坚、宁桂华、万婵、吴石松、孙建、夏云辉等专家的悉心指导！感谢广东电网有限责任公司、广西电网有限责任公司的大力支持！

由于作者时间和水平所限，书中难免存在疏漏与不足之处，恳请各位专家和读者提出宝贵意见，使之不断完善。

编　者
2023年1月

目录

实践篇

以新一代数字技术为代表的第四次工业革命向经济社会各领域全面渗透，引领生产方式和经营管理模式快速变革。国家积极推进数字产业化、产业数字化，促进数字经济与实体经济的深度融合，推动经济高质量发展。数字化转型已是大势所趋，势在必行。将先进的数字技术与电力系统深度融合、建设数字电网是推动实现电网数字化转型的重要路径，更是有力支撑新型电力系统建设，助力能源革命、智慧社会、数字中国发展的重要举措。本篇主要介绍电力系统及数字电网基础知识，帮助读者理解电网数字化转型的底层逻辑和数字电网的内涵特征。

基础篇

1

电力系统
基础知识

1.1　电力系统基本概念

电力系统是由生产、输送、变换、分配、消费电能的设备组成的统一体，根据电能生产到消费的顺序，可以分为发电、输电、变电、配电和用电五个环节，电能生产和消费环节如图1-1所示。

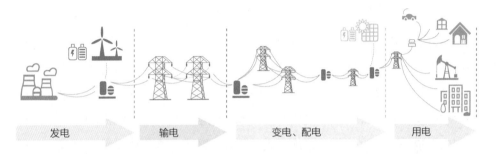

发电　　　　输电　　　　变电、配电　　　　用电

图 1-1　电能生产和消费环节

电力系统中输送、变换和分配电能的部分称为电网，包括输电、变电、配电、用电四大功能。输电即电能的传输，通过输电线路和输电塔把相距甚远的发电厂和负荷中心连接起来，使电能的开发和利用跨越地域限制；变电即对电压的升降，通过变压器等设备将电压由低等级升至高等级或由高等级降至低等级；配电即电能的分配，是电力系统中与用户相连并向用户分配电能的部分；用电即电能的消耗，是电力系统的最终环节。以输电、变电、配电、用电功能为基础形成输电网和配电网，其中：输电网是指将发电厂与变电站、变电站与变电站之间连接起来的电力输送网络，承担输送电能的任务；配电网是指从发电厂、输电网或变电站接收电能，通过配电设施就地分配或按电压逐级分配给各类用户的电力网，承担分配电能的任务。

电力系统设备主要包括一次设备和二次设备。一次设备是指直接参与生产、输送、分配电能的相关设备，包括电力线路、电力变压器、高压断路器、隔离开关、互感器等，主要特点是高电压、大电流；二次设备主要用来对一次设备进行监视、控制及调节，为检修人员提供一次系统运行状况及生产指挥信号，主要包括变电站内的继电保护装置、安全自动装置、通信自动化设备及相关的附属设备，主要特点是低电压、小电流。

1.2 电力系统运行特点和要求

1.2.1 电力系统运行特点

由电能生产、输送、消耗过程等环节组成的电力系统是一个不可分割的整体，其运行具有同时性、整体性、快速性、连续性、实时性等特点。同时性是指发电、输电、变电、配电、用电同时完成，电能不能大量储存，一般必须用多少发多少；整体性是指发电厂、变压器、输电线路、配电线路和用电设备在电网中形成一个不可分割的整体，若缺少任一环节，电力生产都无法完成，任何设备脱离电网都将失去意义；快速性是指电能输送过程迅速，其传输速度与光速相同，因此电能生产、输送、消费工况的改变十分迅速；连续性是指供电连续性，是对电能质量的要求，即需要实时、连续监视与调整电能质量，确保高质量、连续性供电；实时性是指电力调控的实时性，是对电力系统安全性的要求，即当发生电网事故时，因事故发展迅速、涉及面广，需要对电网进行实时安全监视、调整和控制。

1.2.2 电力系统运行要求

电力系统运行的特殊性决定了电力系统应满足以下基本要求。

（1）保证持续的可靠供电。供电中断将造成生产停顿、生活混乱，甚至危及人身和设备安全，停电给国民经济造成的损失远远超过电力系统本身的损失，后果十分严重，因此电力系统运行首先要满足可靠、持续供电的要求。按照用户对供电连续性的要求，一般将负荷分为一级负荷、二级负荷、三级负荷，运行人员可以根据负荷的重要程度，采取针对性的应对策略。

（2）保证良好的电能质量。电压偏差和频率偏差是衡量电能质量的两大基本指标。用电设备均按额定频率与电压等级设计，任何频率和电压的偏移都将影响这些设备的运行性能和效率，甚至使用寿命，情况严重时设备将无法正常工作。因此，改善电能质量对于保障电网及电气设备安全运行、工业产品质量等意义重大。

（3）提高电力系统运行的经济性。电力系统运行的经济性主要反映在降低发电厂的能源消耗、厂用电率和电网的电能损耗等指标上。电能生产消耗的能源占国民经济一次能源总消耗的1/3左右，且电能在变换、输送、分配时的消耗绝对值也相对较大。因此，降低单位电能生产所消耗的能源和在电能运输过程的损耗，具有极重要的经济意义。

1.3 电网发展概况

我国电力工业始于1882年上海电气公司的成立，发展过程历经沧桑。新中国成立后，经过几十年的发展，我国电力系统装机容量持续增长，发电机从小机组发展为大机组；电网规模不断增加，从低压、小范围输配电发展到高压、省内独立乃至跨省互联的电网。特高压直流、超超临界发电技术等多项核心技术也跃居世界首位。在新一轮工业革命的背景下，我国已逐步成为全球清洁能源发展的引领者，由电力大国向电力强国快速迈进。

我国电网的发展也可以分为三个阶段：20世纪前半期的电网属于第一代电网，以小机组、低电压、小电网为特征，处于我国电力工业发展、电网建设的兴起阶段；20世纪后半期的电网属于第二代电网，以大机组、超高电压、互联电网为特征，标志着我国电力工业、电网建设进入规模化发展阶段；从21世纪初开始建设的第三代电网，以非化石能源发电占较大份额、数字化和智能化显著为主要特征，是可持续发展的电网模式。

2

数字电网概述

2.1 电网数字化转型的时代背景

2.1.1 数字革命的时代变革

当今世界，以新一代数字技术为代表的第四次工业革命正向经济社会各领域全面渗透，引领生产方式和经营管理模式快速变革。数字技术作为推动社会变革的重要力量，正带领人类社会步入全新发展阶段。数字化转型正在成为推动社会全要素生产率持续增长的重要引擎。

（1）数字经济成为拉动我国国民经济发展的核心关键力量。近年来，我国经济已由高速增长阶段转向高质量发展阶段。数字经济作为继农业经济、工业经济之后的主要经济形态，是国家综合实力的重要体现，是构建现代化经济体系的重要引擎。根据2022年10月披露的国务院关于数字经济发展情况的报告，我国数字经济总体规模连续多年位居世界第二，对经济社会发展的支撑作用日益凸显。当前，数字技术正加速与各产业融合，成为全新生产力工具。随着资源、能源和环境的刚性约束日益增强，亟须推进数字技术和实体经济深度融合，为国民经济发展创造新的经济增长引擎。

（2）数字技术成为驱动传统企业高质量发展的内生动力。在数字技术革命、数字化生存、国家战略多重浪潮叠加之下，经济环境日益复杂，行业边界日趋模糊，跨界竞争趋于常态。数字经济作为推动经济高质量发展，实现质量变革、效率变革、动力变革的内生动力，是传统企业谋求高质量发展的新途径，其牵引的诸多数字经济新业态也将为传统企业带来增量发展空间。企业未来发展需要更多地依靠信息、技术和知识等新要素获取利润，依靠创新获取核心竞争力。传统企业发展模式存在技术、管理壁垒，开展数字化转型势在必行，亟须探寻系统性解决方案，打造共建共赢的发展模式。

（3）数字技术与能源行业融合是推动能源革命的客观要求。能源革命是工业革命的基础，大力发展可再生能源是实现能源绿色低碳转型、可持续发展的必然要求。《"十四五"现代能源体系规划》《推动能源绿色低碳转型做好碳达峰工作的实施方案》《关于完善能源绿色低碳转型体制机制和政策措施的意见》

等文件，对以数字技术推动能源革命、绿色低碳转型深化发展做出部署。同时，数字经济发展促进用户需求向多元化蜕变，用户对能源需求呈现数字化、清洁化、个性化、便捷化、开放化等特征。能源消费者不再是能源产品的被动接受者，而将更多地参与能源生产过程。能源供需两侧对融合数字技术重构现有产业结构和商业模式提出更高要求。数字化的高创新性、强渗透性、广覆盖性，将为能源行业创新发展注入新动力，对探寻能源行业绿色低碳发展具有很强的理论与现实意义。

2.1.2　数字技术与能源电力的融合

从历次工业革命发展历史可以认识到，技术突破是推动旧动能向新动能转化的重要基础力量。每次技术和产业革命都深刻改变了世界发展的面貌和格局，只有以科技为突破点，才能掌握工业革命主权。从各国政策举措来看，世界主要国家已意识到发展数字技术的重要意义，均大力实施数字化战略，并在能源电力领域积极布局。

1. 美国

美国聚焦前沿技术和高端制造，巩固数字技术霸权，大力推进先进技术在能源领域应用。20世纪90年代，美国率先提出"数字地球"概念，领先全球开启美国政府数字化建设工作篇章，奠定其数字化转型的领先位置。近年来，美国进一步聚焦前沿科技和高端制造，先后发布《联邦大数据研发战略计划》《国家人工智能研究和发展战略计划》《先进制造业美国领导力战略》《美国国家网络战略》《加强联邦网络和关键基础设施的网络安全》《美国人工智能倡议》等政策举措，目标是推动建立21世纪的数字化政府、促进美国制造业回流和复兴、维护美国数字化技术全球霸权地位、保证领先的人才储备和绝对的国家网络安全。

在能源数字化领域，美国成立能源部先进科学技术研究中心和AI技术办公室，大力推进能源先进技术开发利用，美国国家能源技术实验室部署的超级计算机、为能源大数据提供平台技术支持。2020年9月，美国能源局宣布提供1600万美元支持机器学习研究，推动人工智能技术在复杂系统建模仿真、辅助决策中的应用，并已经开展机器人变电站巡检、无人机+AI算法探测甲烷泄漏、AI油气井探测等建设工作。能源清洁利用上，美国能源局持续投入7200万美元支持碳捕获、利用和存储研究，旨在减少碳排放、实现碳循环清洁利用。

2. 英国

英国数字化战略引领英国"再工业化"，多措并举推进能源"脱碳"。英国近几年发布一系列战略，大力提升政府数字化水平，推动英国"再工业化"目标建设。从2012年开始，英国陆续发布《政府数字化战略》《证书数字包容战略》《数字政府即平台计划》《英国数字战略》等重要政策计划，有力推动英国社会数字化进程。据统计，2015—2018年，英国通过数字化转型节省了约41亿英镑的支出，并获得2016年联合国电子政府服务第一名。在工业制造领域，发布《英国工业2050战略》、高价值制造发射中心等计划，构建起科技为核心的"服务+再制造"产业模式，推动英国实现"再工业化"。

在能源数字化领域，英国在新技术应用、创新商业模式、开放能源市场等方向持续发力，不断促进清洁能源开发利用，加速推动实现英国2050年净零碳排放的目标。例如，英国通过推出能源创新计划、逐年更新能源技术清单，推进可再生能源创新、智慧能源系统创新、低碳工业创新、核能创新和能源企业家发展，对符合节能要求的产品发放补贴。再如，英国科学技术委员会制订2030年英国能源系统发展战略，通过技术、管理、制度手段实现全国油、气、煤、电等全能源系统供需优化，推动实现电力、交通、供热行业脱碳。

3. 德国

德国以"工业4.0"为战略牵引，构建数字德国和数字化能源系统。德国作为老牌工业制造强国，着力借助数字技术与工业制造技术融合，进一步强化工业制造领域的核心竞争力。2013年首次提出"工业4.0"概念后，德国在2016年发布《德国数字化战略2025》，强调利用"工业4.0"促进传统产业的数字化转型，提出跨部门、跨行业的"智能化联网战略"，推动建立开放型创新平台，促进政府与企业的协同创新，战略囊括了德国数字化转型的十大步骤和具体措施。

在能源数字化领域，德国能源署已转型成为能源利益相关方的对话平台服务者，积极促进能源数字化转型。2016年，德国能源署建立了世界能源数字化平台，聚集IT、制造、交通、建筑等各行业的利益相关方，通过跨界创新合作推动德国能源数字化进程。2019—2020年，德国先后发布《人工智能在综合能源应用报告》《人工智能能源行业应用研究》，为能源数字化转型路径提供重要指引。德国能源署已资助能源互联互通、区域电力市场等方向多个示范项目，通过利用智能电能表、大数据分析、数字化平台等技术，推动实现区域内能源发、输、配、售、服务等环节的数字化水平提升。

综合来看，各国都将数字技术、数字化转型作为新一轮大国竞争的发力点，都致力于获取数字技术的先发优势，进而掌握第四次工业革命主导权，推动数字化融合转型以大幅提升生产和管理效率，大力发展数字经济以保持本国经济增长的稳定性和持续性。论及能源电力数字化发展方面，各国相继提出围绕"安全、绿色、高效"为主题的能源发展战略，通过推动数字化技术与能源电力行业融合应用，创新能源商业模式，拓展能源服务范围，提升清洁能源稳定消纳水平，实现能源安全可靠供应和高效利用。

2.1.3 电网企业数字化转型的迫切需求

电网企业关乎国计民生，连接千家万户，联动千行百业，肩负重要的经济社会责任。面对化石能源消费带来的环境、生态和气候等领域问题，能源可持续发展面临严峻挑战，亟须加速能源变革、推动绿色低碳转型，电网企业责无旁贷。

（1）能源革命纵深推进，加快电网数字化转型。随着能源革命向纵深推进，能源行业呈现可再生能源快速发展、终端电能消费比例提升、新兴技术加速行业变革等显著转变态势，电网作为能源转换利用和资源配置的枢纽平台，面临重构发展模式、加速转型升级的迫切需求。

（2）"双碳"目标对电网数字化水平提出更高要求。随着"双碳"目标的推进，新能源在电源结构中的占比将逐步提高，能源行业发展进入低碳转型为主导的新阶段。面对能源绿色低碳发展需求，电网在可靠供应、安全运行、经济供应等方面存在诸多挑战，亟待提升电网数字化、智能化水平，以支撑电力系统向多能协同互补、源网荷储互动、多网融合互联形态演进，破解能源安全、绿色、经济的"不可能三角"。

（3）电网数字化是把握新一轮科技革命新机遇的战略选择。随着新一轮科技革命向纵深发展，数字技术成为驱动产业绿色低碳改造、实现节能降耗减排的重要引擎。当前，融合型数字经济的主体地位进一步巩固，随着数据采集、存储、计算和分析能力提升，数字技术将加速与电网技术、业务、生态融合。电网企业亟须主动把握和引领数字技术变革趋势，转变生产、管理和运营模式，推动传统物理电网结构创新，带动电网数字化技术产业链创新，支撑数字经济高质量发展。

（4）电网数字化是满足人民美好用电需要的重要途径。当前，终端电能消费占比稳步提高，分布式能源、储能、电动汽车等交互式能源设施快速发展，多能联供、智慧用能等各种新型能源形式不断涌现，多元主体格局与绿色消费理念推动电网出现新业务、新模式、新生态。面对快速变化的市场需求，电网企业亟须向"资源配置+电碳服务"平台型企业转型。数字化转型帮助电网企业拓展跨界运营产品，实现产品化向平台化和服务化转变、业务流程化向场景化和个性化转变、功能为主向体验为主转变，提升在不确定环境中的快速响应能力和精准决策能力，增加人民群众在用能方面的安全感、获得感和幸福感，为电网企业发展持续注入动力。

2.2 数字电网的概念和发展

新中国成立以来，我国电力工业在社会经济发展需求、能源管理体制、能源格局变化和科学技术进步等多重变量的塑造与重构下，逐渐形成与各发展阶段相配套的技术支撑体系，在业务需求拉动和技术进步驱动的双重作用下，共同描绘了不同阶段电力系统的形态特征，推动电力工业从机械化、自动化、信息化走向数字化和智能化。

2.2.1　数字电网的概念

数字电网的相关概念最早出现于21世纪初。

2004年，美国基于信息技术将彻底改变电力系统的构想，率先提出智能化电网（Grid Wise）的概念，即将新的分布式发电、需求响应以及存储技术与传统电网结合起来，以协调控制整个电网。2007年12月，美国国会颁布《能源独立和安全法案》，以法律形式确立智能电网（Smart Grid）的国策地位。其后，更多国家和组织分别从本国能源发展角度，提出各自对智能电网的定义和理解。由于不同国家电网发展阶段不同、能源资源禀赋差异巨大，各国对智能电网的理解和发展侧重点也有所不同，在国际范围内尚未形成统一的智能电网定义。

近十年，随着全球新一轮科技革命和产业变革的兴起，先进信息技术、互联网理念与能源产业的深度融合，智能电网的概念、特征和内涵外延也在不断丰富和拓展。与美国提出智能电网的时代相比，原有信息化技术的支撑架构和技术体系已经发生颠覆式变化，如云平台取代单体物理服务器作为系统的底层支撑架构，大幅提高数据处理能力；人工智能技术经历了早期专家系统、机器学习、深度学习几个发展阶段后取得重大突破，在图像识别、语音识别等领域实现商用化应用；微服务技术取代面向服务组件架构（service-oriented architecture，SOA）总线技术，模块化、可插拔的开发模式提高了软件开发效率。

基于对时代背景和技术发展趋势的把握，中国南方电网有限责任公司（简称南方电网公司）在过去数十年电网信息化、智能化技术不断发展和积累的基础上，率先提出"数字电网"的概念，并于2020年发布《数字电网白皮书》（简称白皮书），形成广泛的社会影响力。

根据白皮书的定义，数字电网是以云计算、大数据、物联网、移动互联网、人工智能、区块链等新一代数字技术为核心驱动力，以数据为关键生产要素，以现代电力能源网络与新一代信息网络为基础，通过数字技术与能源企业业务、管理深度融合，不断提高数字化、网络化、智能化水平，而形成的新型能源生态系统，其具有灵活性、开放性、交互性、经济性、共享性等特性，使电网更加智能、安全、可靠、绿色、高效。

如果把智能化看作是未来电网的一个理想形态，数字电网则是在数字经济和数字技术发展背景下，描述物理电网及其关联要素（包括能源供给方、终端能源消费用户、能源销售和服务企业等）的物理形态和特征属性的总和。数字电网赋予电网更多的新特征和新应用场景，其内涵不仅包括电网运行控制环节的智能化，也包括企业生产、运营和电力服务模式的转型升级。

数字电网整体构架体系具有鲜明的时代特征，既是对原有智能电网技术体系的积累和继承，也是我国电力工业理论和实践创新的智慧结晶。从智能电网到数字电网，标志着我国能源电力工业实现了从"跟随"到"并跑"再到"标准输出、引领发展"的跨越式发展阶段。

2.2.2 数字电网动态演进阶段

数字电网是电力系统传统技术体系不断吸收数字技术逐步演进而呈现的新形态。电力系统经过几十年的发展，形成了相对成熟的一、二次控制系统及装备、技术体系。数字电网以数字技术升级原有传统电网技术体系，既催生新的解决方案，同时在现有技术体系中，在成熟的业务流程、计算工具、控制系统释放价值的增量，实现原有技术的渐进增强。

从系统演化的视角看，数字电网可以理解为在数字经济时代背景下，立足电力系统当前发展阶段，对电力系统物理形态、业务（管理）形态和技术形态的一个概括性描述，同时也要看到，"云大物移智链"仅是当前数字技术的主要形态，并不能覆盖长生命周期的所有技术特征。数字电网的建设是一项长期性、系统性的持续演进过程，既不能脱离早期电网自动化、管理信息化的基础积累，认为数字化就是要替代自动化和信息化，也不能止步于当前的技术本身，认为数字化就是人工智能加大数据，必须结合经济社会发展、新型能源体系建设的需求，让技术更好地"为我所用"，释放价值。

依据电力系统在不同发展阶段的演进特点，可将数字电网的发展划分为初始期、探索期、整合期、增长期、成熟期五个阶段，不同时期各有侧重。其中，前三个阶段为积累期，是不可逾越的基础阶段，主要目标是提升物理电网的运行控制水平和企业内部的管理效率；后两个阶段逐步走向开放赋能期，数字电网的影响和带动作用延伸辐射到产业链上下游和能源生态系统，驱动整个能源系统全要素、全产业链、全价值链深度互联与协同优化，驱动能源生产控制模式、运营管理模式、消费服务模式从封闭到开放、单一到多元转变，带动能源生产、消费、服务模式的全面升级。数字电网发展演进阶段如图2-1所示。

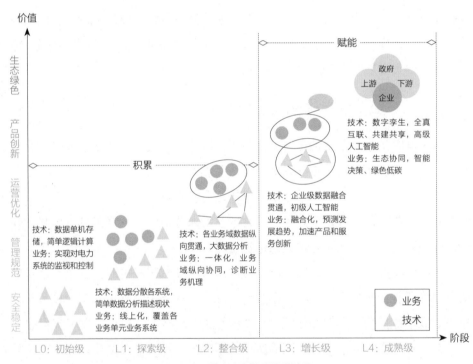

图 2-1　数字电网发展演进阶段

1. 初始期

初始期的电网数字化主要针对电力传输网和控制系统的技术改造，关注以计算机、通信技术为基础的自动化技术大规模应用，实现对电力系统的远程监视和控制，保障系统的安全稳定运行和持续可靠供电。主要通过自动化量测装置，实现对电力设备状态运行数据的采集和远程控制。由于设备与设备之间未形成网络，数据存储于单机，基于简单逻辑计算分析支撑业务应用，并采用人工观察、誊抄、录入的方式进行数据传递，数据利用价值难以延伸。

2. 探索期

探索期的转型目标从生产安全保障逐步过渡为生产运营优化，企业自下而上重点建设各业务单元信息系统，从而实现业务由线下向线上迁移，促进管理的线上化、标准化和规范化。该阶段企业采取信息化建设战略，初步将新一代信息技术应用纳入发展战略和规划。得益于业务单元信息系统建设，电子化逐步取代纸质化，业务基本实现线上覆盖，业务单元运作效率得到提升。技术层面，实现依托"主机+关系型数据库+存储设备"的服务器架构，完成数据系统级存储和运算；形成基于数据模型的计算方法，具备基础数据分析能力，支撑设备的状态监测和业务现状描述。

3. 整合期

整合期呈现出对系统自上而下进行一体化改造的特点，实现各业务域数据全量采集，形成业务级统一数据模型和标准，以解决信息化资源分散、业务协同性较差等问题，进而提升企业整体协同效率，实现生产运营优化。例如，南方电网公司建设的"6+1" ❶企业级信息系统，通过提出一体化电网运行智能系统技术体系，实现业务域纵向贯通。这一阶段，企业数据资源更加丰富、应用更加广泛，运用大数据分析算法逐步实现对业务问题的初步诊断（如设备故障诊断）和业务发展的初步预测，数据要素价值得到释放。

4. 增长期

增长期电网的转型价值效益从自身扩展到产业链与生态圈，企业发展战略由基础设施建设向业务加速增长转变，持续开展内外部环境分析，形成可持续竞争合作模式。人工智能和大数据分析挖掘辅助支撑企业生产运营各环节业务决策，减少人脑力负担。企业实现数据驱动的管理模式，更加重视熟悉业务场

---

❶ "6+1"企业级信息系统是南方电网公司于"十二五"前后，建设的6大企业级信息系统（资产管理、营销管理、人力资源管理、财务管理、协同办公和综合管理系统）和一个决策支持系统的统称。

景和数据分析的数字应用人才，以"数据+模型"支撑管理全景穿透。实现智能设备的全面覆盖，并形成边缘计算和控制能力，具备对设备环境、视频、图像等数据的全面采集，同时采集范围从主网延伸到用电侧。

5. 成熟期

随着全球经济可持续发展要求，成熟期的转型目标从生产运营优化跃升为绿色低碳发展，电网设备设施高度智能化，逐步建成完善的数字孪生体，与生态圈实现全真互联、实时互动、按需共享，具备应对外部变化的适应能力和迭代能力。该阶段电网企业制订并执行生态圈发展战略，催生新产业、新业态、新模式并促进生态体系构建。电力数据跃升为企业资产，从内部流通转变为生态共享、共创，实现生态级数据交互模型统一，驱动知识共享、业务转型和业态创新。同时助力"双碳"目标实现，促进新能源消纳、生态绿色低碳发展。

回顾数字电网的发展历程，电网转型的整体特征逐渐从自动化、信息化跃迁为数字化。总体来看，电网自动化建设时期以实现生产设备的智能化改造为主，有效提升电力系统生产运行效率，坚实的自动化基础为后续数字化升级提供先决条件；电网信息化建设时期以管理信息化的全面覆盖任务为主，推动业务从"线下"迁移至"线上"，有效支撑企业高效管理，纵向一体化和横向集成化企业级统一技术体系的构建，为数字化建设奠定重要基础；电网数字化时期则是在自动化和信息化基础上发展的高级阶段，从局部的、特定设备、特定场景、特定环节的智能化，向全局的、面向企业内部、整个产业链，再到产业链生态级的系统性资源优化配置演进。

2.2.3 数字电网属性特征

数字电网发展带来的本质变化是实现能源电力生产全流程、全产业链、全生命周期管理数据的可获取、可分析、可执行，使得数据的及时性、准确性和完整性不断提升，数据开发利用的深度和广度不断拓展，企业和社会技术、资金、人员的协同水平不断提高，以信息流带动能量流、资金流、技术流、人才流、物资流，进而提升组织及整个系统的运行效率。总体来看，数字电网具有物理、技术和价值三大属性。

（1）物理属性。数字电网涵盖物理电网的全部元素，包括输电网、配电网、变电站内的电气一、二次设备。数字电网是传统电网融合先进信息通信技术不断升级演进的新形态。在电力传输过程中产生的各类数据信息是数字电网的重要数据基础和来源，物理电网在电力传输过程中产生的各类数据信息以及其基础设施构成了数字电网的基础，为数字电网触达用户、连接产业链上下游和辐射能源生态圈提供物理通道和载体。数字电网通过集成先进的感知、计算、通信、控制等技术，在数字空间中构建物理电网的"镜像"，实现物理空间与数字空间中人、机、物、环境、信息等要素的虚实映射、适时交互、高效协同，支撑系统内资源配置和运行的按需响应、快速迭代、动态优化。

（2）技术属性。海量数据与广泛连接是数字电网的基本技术特征，通过隐性数据和隐性知识显性化，实现从电网物理状态到数据与信息的转化，信息提炼成知识，知识转化为决策，进而反哺于物理电网。其中，物联网实现对物理电网的全面感知、广泛连接，是数字电网的基础；云计算能够按需提供弹性的信息化资源与服务，为数字电网提供强大算力支撑；人工智能强大算法能够充分挖掘数据价值，实现数据驱动、数智赋能，是智能行为实现的关键，驱动电网形成高水平的业务智能。

（3）价值属性。数字电网是传统电网在数字经济中表现出的能源生态系统新型价值形态，其本质是创造价值。企业层面，数字电网将优化业务流程，促进组织结构扁平化，提高运营效率，推动商业与运营模式变革，增强企业内生动力；产业层面，数字电网以数据流贯通源网荷储各环节，赋予能源跨越时间和空间的控制、管理和交易能力，实现信息能量价值的汇聚和再分配，促进能源产业全要素、全产业链、全价值链深度互联与协同优化；社会层面，数字电网深入对接数字政府和工业互联网，发挥电网"一行带百业"的行业特点和平台优势，汇聚各类资源，促进供需对接、要素重组、融通创新，数字电网的价值外溢到社会治理、乡村振兴、民生服务、节能降碳等其他行业和领域，推动电网企业向能源生态系统服务商转型。

数字电网的建设过程是传统电网的数字化、网络化、智能化转型的过程，具备以下主要特征：

（1）本体安全。利用新一代数字化技术，打造覆盖电网全过程与生产全环节的数字孪生电网，赋能电网智能决策、稳定运行；建设分层防护、逐级认证的可信纵深安全防护体系，提供统一、可靠的网络安全保障。

（2）绿色消纳。利用数字技术，实现对可再生能源出力及供电负荷的精准预测，实现分布式能源供需就地平衡，提高电网可再生能源消纳能力。

（3）广泛连接。以遍布源网荷储的传感终端显著提升电网透明化水平，以全域覆盖的信息通信网络支撑海量物联终端形成广泛连接，为在数字空间对物理电网进行感知和认识提供基础。

（4）数智驱动。以电力系统全环节的数据为生产要素来优化电网生产运营，以人工智能和大数据等数字技术促进电网高效、科学决策，为促进业务优化及流程再造、驱动服务和管理变革提供有力支撑。

（5）开放共享。以纵向连接发电侧和负荷侧、横向集结能源生态圈为基础，通过数字化技术推动能源生态系统利益相关方开放共享，驱动能源行业全要素、全产业链、全价值链协同优化、深度互联，实现设施共享、数据共享、成果共享。

（6）价值创造。基于电网设备通过传输能量流实现对社会经济高质量发展的支撑；依托电力数据通过挖掘数据价值实现用户差异化服务、支撑政府决策，指数级放大数据价值，繁荣数字经济发展，支持数字中国建设。

2.2.4　数字电网价值创造路径

电能作为一种清洁能源，是多种能源转化利用的最广泛形态。电力系统深度嵌入经济社会生产活动，是事关国民经济发展的关键基础设施。这使得数字电网在目标与发展路径上呈现出鲜明的行业特性，既表现出对重视安全稳定的工业生产属性，也具有追逐灵活高效的消费服务属性，还担负经济社会绿色低碳转型的目标，具有丰富多元的行业价值特征。

数字电网的价值目标包括但不限于以下几方面：①通过先进数字技术助力电能安全生产和运输，保障稳定、可靠、持续供电；②通过数字化转型降本增效降低度电成本，实现能源经济性；③应用数字技术创新产品和服务，提高供电服务水平，持续优化用电营商环境；④利用数字技术深入推进能源革命，促进大规模新能源消纳，推动能源电力绿色低碳转型。总体来看，数字电网的价值效益如图2-2所示，可归纳为生产安全保障、生产运营优化和绿色低碳发展三大方面。

图 2-2 数字电网的价值效益

1. 生产安全保障

电力安全关系国家命运，是经济发展、社会稳定的重要保障。在数字电网建设过程中，以数字技术为支撑，保障国家能源安全与电力系统安全运行是应有之义。

数字电网助力电力生产安全保障，表现在电力系统运行安全、人身安全和网络安全三个方面。在保障电力系统运行安全方面，数字电网通过防灾减灾监测预警系统、新能源功率预测、设备故障诊断等数字化手段，助力解决极端灾害、新能源大规模并网、设备故障带来的安全风险；在保障人身安全方面，数字电网通过无人机巡检、智能运维等方式减少基层员工到高危工作场所作业频率，同时通过智能穿戴、智能识别等方式，实现现场作业风险全过程管控，从而降低人身事故发生概率；在保障网络安全方面，数字电网通过内外网隔离、安全分区和态势感知平台等数字手段，打造网络安全防护体系，增强网络防护能力，最终实现能源电力系统安全。

2. 生产运营优化

电网作为劳动密集型和资本密集型行业，在行业竞争格局日益激烈、社会生产成本不断推高形势下，需要通过数字电网建设实现降本增效，以优化生产运营，增强核心竞争力。

数字电网建设助力电网生产运营优化，主要通过数字化理念、数字技术、数据资源在电网各环节场景的渗透应用，其带来的经济效应主要体现在替代效应和协同效应两个方面，从而有效实现资源优化配置、提升行业全要素生产率。一方面，替代效应是电网基于数字技术与业务场景的深度融合，实现对劳动力、资本、技术等其他传统生产要素的替代，从而一定程度减少传统生产要素投入，有效降低生产运营成本。例如在无人机巡检、机器人流程自动化（robotics process automation，PRA）、网上营业厅等数字化融合应用场景，能够在基础操作层面实现对劳动力的替代。另一方面，协同效应是电网基于数字化理念、数据资源发挥的纽带作用，能够增强电网生产经营活动各生产要素间有效协同，从而带来电网生产运行整体效率的提升。数字电网能够发挥协同效应的内在机制在于：在数字技术赋能传统生产要素实现乘数倍增效应的同时，还能通过电力数据的汇聚和融通，实现能源产业链上中下游的紧密联系，以数据流引领优化能量流和业务流。例如，电网配电设备状态数据的实时采集分析，能够实现对电网配电设备故障的及时感知，提高配电设备利用效率，有效赋能营配业务的协同。

3. 绿色低碳发展

在能源革命与数字革命相融并进的时代，发挥数字电网关键载体作用，加快数字化绿色化协同发展（简称"双化协同"），是推动新型电力系统和新型能源体系建设（简称"两型建设"）的重要路径，能有效促进能源清洁低碳、安全高效利用，推动能源产业基础高级化、产业链现代化。

（1）以数字化引领绿色化发展，推动数字电网支撑能源电力绿色低碳转型。数字化赋能能源电力绿色高效生产、传输、消费，是"双化协同"推动"两型建设"的直接体现。以数字化引领能源电力绿色化发展，主要依托数字电网一系列关键技术，通过运用其广泛连接、数智驱动、开放共享等特性，实现能源电力清洁高效利用，通过以数据为纽带，以"电力+算力"为支撑，以算法为驱动的关键技术集，助力构建新型电力系统"多能协同互补、源网荷储互动、多网融合互联"的新形态，推动建设多元、清洁、低碳、可持续的新型能源体系。

（2）以绿色化带动数字化升级，促进数字电网赋能能源电力产业迭代优化。在经济发展方式绿色转型目标下，新型电力系统和新型能源体系建设过程，对海量数据感知接入、超快速实时运算、数据驱动场景分析等带来一系列增量需求，将为能源电力行业数字技术装备升级带来新的发展契机。通过催生更加精准、高效的国产化数字化装备制造及产品研发，驱动能源电力数字化智能化技术升级换代，助力能源电力行业提升产业链供应链韧性与安全自主可控水平，促进能源电力数字产业化发展更加成熟，进而以数字化绿色化协同推动能源产业向基础高级化、产业链现代化的方向发展。

2.2.5 数字电网发展方向

在能源革命与数字革命相融并进的发展背景下，数字电网既是一场技术驱动管理变革的实践创新，又是电力工业发展理念和发展模式的理论创新。数字电网以数据流推动技术流、能源流、资金流，实现数字技术和产品、生产体系、业务模式、发展理念等全方位融合，促进物理系统深化发展、信息系统强化发展、业务系统优化发展、生态融合泛化发展。综合而言，数字电网的发展重点涵盖电网数字化、运营数字化、服务数字化、产业数字化四个方向。

1. 电网数字化

电网数字化是物理电网在数字世界的完整映射，要构建数字孪生模型。数字世界的操作作用于物理世界，支撑双向互动，实现电网量值传递、状态感知、在线监测、行为跟踪、趋势分析、知识挖掘和科学决策。电网数字化通过数字技术促进电网转型升级，为电网赋能，从而适应在能源变革中的大规模新能源接入、电力市场改革、用户需求多元化等挑战，立足电网供需平衡，助力电网适应外部变化，让电网更加绿色、安全、可靠、经济、高效、智能。

2. 运营数字化

运营数字化是将数字化植入电网企业生产、管理和经营全过程，以数字技术推动数字化运营与决策，实现管理化繁为简，提升管控力、决策力、组织力和协同力。推动作业数字化，打通业务边界和信息壁垒，以数据驱动业务流程再造和组织结构优化，促进企业人、财、物资源优化配置，提升经营管理效率和质量，实现跨层级、跨系统、跨部门、跨业务的高效协作；推动决策数字化，以数字技术实现管理量化，促进管理决策"全景看、全息判、全维算、全程控"，实现生产经营活动的实时监控和动态分析，支撑企业运营管控和科学决策。

3. 服务数字化

服务数字化是指客户服务过程中的数字化交互、自动化服务和智能化体验。电网企业构建现代供电服务体系，推进数字技术深度融入用户服务全业务、全流程，以服务用户、获取市场为导向建设敏捷前台，以资源共享、能力复用为核心建设高效中台，以系统支持、全面保障为宗旨建设坚强后台，通过广泛连接并拓展客户资源，实现线上、线下的无缝连接，打造流程简洁、反应迅速、灵活定制的应用服务，支撑业务创新，提高服务效率和客户体验，驱动用户需求潜能不断释放且持续得到满足。

4. 产业数字化

产业数字化是基于数字业务技术平台构建智慧能源产业生态，利用数字技术，引导能量、数据、服务有序流动，构筑更高效、绿色、经济的现代能源生态体系。通过构建面向政府、能源产业上下游、用户等产业链参与方的统一数字业务技术平台，构建"平台+数据+生态"发展模式，创新平台各方的交易和交互方式，强化电网企业在能源产业价值链的整合能力，支撑企业向数字电网运营商、能源产业价值链整合商、能源生态系统服务商转型。

2.3　数字电网技术架构

数字电网技术是数字电网建设与发展的重要基础和支撑力量。数字电网技术体系是在物理电网及其传统自动化、信息化技术基础上，不断吸收和应用数字化技术逐步演进呈现出的新形态，体现了电网在数字化时代的新特征，具有鲜明的时代特性。从技术分层的视角来看，数字电网的技术架构可分为感知层、边缘层、平台层、应用层及系统安全五个部分。数字电网技术架构如图2-3所示。

图 2-3　数字电网技术架构

（1）感知层。通过智能传感器、智能穿戴等测量感知设备，对电网的系统运行、网络拓扑、人员行为及现场视频等各类数据进行采集，使得数字电网具备全面感知能力，具体包括智能传感、智能量测、智能终端等技术。

（2）边缘层。在数据来源侧通过输电网关、变电网关、配电网关等边缘计算节点建立数据处理能力，实现对上送的海量感知层数据进行筛选和处理，缩短端到端处理时延；建立就地控制能力，支撑新能源场站控制、微电网就地控制以及需求侧自动响应等多种场景的就地控制，具体包括边缘计算、边缘控制、电力专用芯片、电力先进通信等技术。

（3）平台层。基于云平台建设大数据处理、数据驱动分析等云端数字化应用，形成"算法+算元+算力"的平台服务能力，支撑电网智能运行。平台层技术可分为基础设施即服务（infrastructure as a service，IaaS）部分和平台即服务（platform as a service，PaaS）部分。其中，IaaS部分包括云数一体数据中心以及基础设施（服务器、存储等），PaaS部分包括电力大数据与云计算技术、电力人工智能技术、全域物联网技术、电网数字孪生技术、区块链技术等。

（4）应用层。结合电网业务具体场景，利用平台层先进的计算分析能力，挖掘感知层和边缘层上送的电网数据价值，助力加速数字电网、数字运营、数字服务、生态合作以及政府治理的服务建设，实现以数字技术赋能新型电力系统下电网业务转型与管理变革，具体包括数字电网智能应用技术、生产运行支持技术、智能输变配整体解决方案、电碳经济技术等。

（5）系统安全。针对新型电力系统整体呈现出的多数据计算、多终端接入、多系统交互等特点，面向感知层、边缘层、平台层、应用层各个环节提供数据安全、物联网安全、终端本体安全、系统互信安全等综合保障。

2.4 数字电网关键技术

2.4.1 智能传感与智能量测技术

智能传感与智能量测技术作为感知层的关键技术，是获取外界信息、为上层应用提供基础数据的重要工具。传统的传感器输出的大多是模拟量信号，自身不具备信号处理和组网功能。而智能传感器则具有采集、处理、交换信息的能力，能实现在边端对原始数据进行智能识别处理，然后向外传输。智能传感器主要由传感元件、微处理器（或微计算机）及相关电路组成。

在数字电网对信息感知的深度、广度和密度提出更高要求的背景下，电力智能传感与智能量测作为数字电网的"感知神经末梢"，成为连接电力系统物理空间与数字空间的关键技术，被广泛应用于电力生产、传输、消费全过程中电气量和非电气量数据的采集和传输，具有高精度、宽量程、自取能、低成本、小体积等特点，不仅能有助于提升电力系统的可观、可测、可控能力，而且有助于提高电网安全稳定运行管理水平。

在电源侧，智能传感与智能量测可用于感知温度、光学、位置、发电量等信息，监测发电设备运行状态、健康情况等，能有效助力提高发电效率并延长设备寿命；在电网侧，可将温湿度、局部放电、振动及压力、智能终端等感知装置部署在输电、变电、配电等环节，采集电网运行与设备状态、环境、线损及其他辅助信息，支撑电网生产运行过程中的信息全面感知及智能应用；在负荷侧，可利用电能质量、负荷监测等传感量测装置采集设备用电、电动汽车负荷等信息，支撑需求侧负荷分析及需求侧管理，提升能源利用率及用户侧用能精细化管理水平。

2.4.2　电力先进通信技术

电力通信技术是支撑电网数据和相关信息在传感量测装置、智能终端、边缘计算装置与云端数字化平台等环节间双向流动的关键技术，主要分为有线通信、无线通信和双模通信三种方式。其中，有线通信包括电力线载波通信、RS-485通信、光纤通信等；无线通信包括电力无线专网、4G/5G网络通信、微功率无线通信、北斗卫星通信、WAPI❶无线通信等。下面重点介绍5G网络通信、北斗卫星通信、WAPI无线通信等数字电网先进通信技术。

1. 5G网络通信

5G网络通信是第五代移动通信技术，具有高速率、低时延和大连接等特点，其峰值理论传输速度可达20Gbit/s，比4G网络的传输速度快数百倍。在5G网络发展过程中，应用较为广泛的是网络切片技术。网络切片作为5G赋能垂直行业的关键技术，本质上就是将物理网络划分为多个虚拟网络，从而提高网络资源利用效率。5G网络切片技术可通过增强型移动宽带（enhanced mobile

---

❶ WAPI（Wireless LAN Authentication and Privacy Infrastructure）是无线局域网鉴别和保密基础结构，是一种安全协议，同时也是中国无线局域网安全强制性标准，最早由西安电子科技大学综合业务网理论及关键技术国家重点实验室提出。

broadband, eMBB)、海量机器通信(massive machine type of communication, mMTC)、高可靠低时延通信(ultra reliable low latency communication, URLLC)的切片来为数字电网各类典型业务提供服务能力,满足电网业务的安全性、可靠性和灵活性需求,进一步提升电网企业对自身业务的自主可控能力。

其中,eMBB场景主要是数字电网的大视频应用,通过超高的传输数据速率,使信息和任务指令接收、高清视频流传输更加便捷高效、安全可靠,包括变电站巡检机器人、输电线路无人机巡检、配电房视频综合监控、移动现场施工作业管控、应急现场综合自主网应用等;mMTC场景主要是通过大规模终端接入、高密度网络连接及高安全性保障,实现数字电网终端的广泛连接,包括分布式能源调控、高级计量等;uRLLC场景主要是能够满足电网运行和控制过程中超低时延(电网控制和保护设备的快速操作等)、高安全性(确保系统网络攻击后不断电等)、高终端密度(单个站点链接数千个电网控制和保护设备等)的要求,使电网运行和控制更加灵敏和快速,包括智能分布式配电自动化、用电负荷需求侧响应等。

2. 北斗卫星通信

北斗卫星通信是利用卫星上的通信转发器接收由地面站发射的信号,并对信号进行放大变频后转发给其他地面站,从而完成两个地面站之间传输的一种通信方式。北斗卫星导航系统由空间段、地面段和用户段三部分组成,能够为全球用户提供全天候、全天时、高精度的定位、导航和授时服务,同时兼具短报文通信能力。北斗卫星通信在电网领域的应用包括电网控制领域的调度自动化系统时间同步、电力通信网的频率同步、人与车辆的准确定位及利用北斗短报文在偏远无人地区的数据采集回传等。在数据传输方面,北斗卫星通信依靠短报文通信能力,为偏远地区电能量数据采集、无稳定移动信号区域的配电网运行检修提供通信服务支撑;在授时方面,调度自动化系统等通过接收北斗授时信号,提高对时精度,保证了时间同步;在授频方面,将各区域的基准时钟源接入北斗授频信号,确保时间的准确和一致;在定位方面,可在应急通信车上安装北斗车载终端实现车辆定位,同时能支撑输电线路杆塔倾斜监测、配电终端故障定位功能。

截至2021年第三季度，电力行业北斗高精度定位终端应用数量达到1万余台，主要包括光伏发电站太阳能追光系统角度控制、电力勘测工程的测量测绘、车辆调度管理、电网输电线路无人机自主巡检、线路杆塔形变监测、地质灾害监测、导线舞动监测、变电站机器人巡检、基建工程现场作业人员安全管控、施工机械操作高精度数据监测、电网大型重点物资在途运输管理、营配设备资产管理和地理信息采集、水电站大坝沉降和形变监测等应用场景，提升了发电企业、电网企业电力设施设备运行状态在线监测和信息统一，提升了新型电力系统精益管理水平。电力行业北斗普通定位技术主要用于人员、车辆、船舶等实时定位、导航与轨迹监控，终端形态包括工卡、手环、手持终端、车载终端等产品，应用数量已达35万余台套。

3. WAPI无线通信

WAPI无线通信是一种短距离无线网络传输技术。当前全球无线局域网领域仅有的两个标准，分别是美国提出的Wi-Fi以及中国提出的WAPI标准。WAPI无线通信技术可构建覆盖变电站的无线宽带承载网，满足变电站巡检机器人、施工监控、移动作业、动环监控、智能穿戴等"最后一公里"业务接入需求，实现变电站数据高速采集、传输，以及业务的快速部署和接入，提升工作效率。

2.4.3　全域物联网技术

物联网（internet of things，IoT）是新一代信息技术的重要组成部分，也是信息化时代的重要发展阶段。顾名思义，物联网就是物物相连的互联网，能够全面实现人与物之间、物与物之间的实时通信。与传统互联网相比，物联网不仅能够基于海量传感器实时采集、传输相关数据信息，而且具有智能处理的能力，能够对物体实施智能控制。

具体来说，电力全域物联网是通过在电力生产、输送、消费、管理各环节，部署具有感知、计算、执行和通信等能力的设备，按照约定协议，连接物、人、系统和信息资源，获得电力系统的信息或对电力系统的设备进行控制，实现电力全业务域万物互联、协同互动的智慧物联生态系统。电力全域物联网作为物理电网中海量终端与数字电网可靠链接的纽带，具有智能连接、全面感知、可靠传输、协同互动和智能处理等特征，能够有效解决电网感知不全、实时性不足等问题。

全域物联网将全域物联网平台作为感知终端统一接入中心、边端设备统一管控中心、云边协同统一交互中心、源端数据统一共享中心、全域物联统一运营中心，对上能够通过标准化接口向业务应用、数据中心等提供数据服务，对下能够通过开放的接口和协议插件，进行输电、变电、配电、用电等领域物联终端的统一接入与管理，解决不同设备通信协议的数据交互问题，实现各类数据融合，最终实现能源生产、能源传输、能源消费各领域的敏捷连接、精准采集和智能管理，提升电网的感知和互动能力，支撑数字电网状态透明、运行透明和管理透明。

2.4.4　电力大数据及云计算技术

1. 电力大数据技术

电力大数据技术贯穿于发电、输电、变电、配电、用电各个环节，具有覆盖面广、实时性强等特点。电力大数据技术的应用，不仅能对内优化电力企业管理模式，而且能对外产生社会效益。对内，通过对电力大数据的采集、存储、管理、数据分析与挖掘，能够发现电网运行及生产经营过程中存在的规律，从而支撑电网安全稳定分析、台区重过载预警与风险评估、新能源消纳、输变电设备状态监测与评价等数据分析，实现电网外观形态、拓扑结构、运行态势的时空动态呈现，提升电力系统故障抢修、巡视、运维效率；对外，基于政府部门、企业和电力客户等各类市场主体数据应用需求，深挖电力大数据价值，拓展数据产品服务、创新数据运营模式，能够实现对海量数据的价值提取和业务关联，从而实现电力数据与政府、企业、能源上下游的数据汇聚、共享、分析和应用。

2. 云计算技术

云计算技术是一种通过网络统一组织和灵活调用各种信息通信技术（information communications technology，ICT）信息资源，实现大规模计算的信息处理方式，属于分布式计算的一种。云计算结合5G、人工智能、大数据等技术，可为企业统一数据中心建设提供资源，为大数据分析提供强大算力。

云计算具有可靠性高、数据处理量巨大、灵活可扩展及设备利用率高的优势，能有效解决数字电网数据量大、数据类型复杂、可靠性和实时性要求高等问题。通过在数字电网领域应用云计算技术，能够在保证现有电力系统硬件基础设施基本不变的情况下，对当前系统的数据资源和处理器资源进行整合，从而大幅提高电网实时控制和高级分析的能力，为数字电网技术的发展提供有效支持。

3. 云数一体数据中心

云数一体数据中心作为向各业务应用提供统一数据的基础底座，采用先进的混合事务分析处理总体技术架构，提供可靠、高效、稳定的数据能力，能够实现全域数据统一汇聚、数字电网模型统一设计、海量数据统一存储、大数据分析计算组件统一支撑、数据服务统一供给、数据安全统一管控，从而实现数据层面的无缝融合和业务层面的共享共用，为释放大数据价值提供新的引擎。云数一体数据中心架构如图2-4所示。

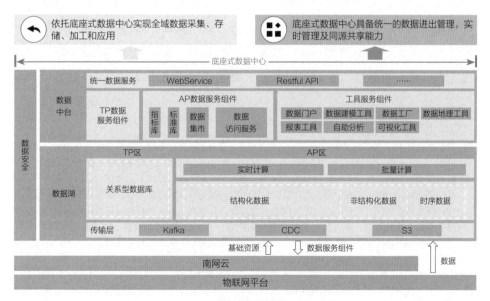

图 2-4 云数一体数据中心架构

云数一体数据中心面向各业务应用，能够全面承担数据归集、存储、计算职能，同时能够负责来自物联网平台数据的采集和存储。在此基础上，通过统一构建事务型（transaction processing，TP）及分析型（analytical processing，AP）模型，实现TP库与AP库的融合，能有效提升数据一致性，统一为分析型应用与事务型应用提供涵盖传输、存储、计算的全技术栈，从而为前端数据应用提供标准化、共享化的数据服务支撑能力，加速各类应用的数据需求响应速度。

云数一体数据中心具备采集、存储、计算、服务、数据资产管理等五大数据技术能力。在数据采集方面，能通过"CDC❶ +Kafka❷ "等方式实现对营销等业务系统结构化数据全域采集、调度自动化等监测系统实时数据采集，以及协同办公系统等非结构化数据持续采集；在数据存储方面，具备对事务型（TP）、分析型（AP）、非结构化和时序型数据的多源异构存储能力，支持对存储资源的横向扩展和动态分配，能满足高标准的数据存储与检索需求；在数据计算方面，具备离线批量计算、实时流式计算、交互式内存计算等能力，同时能通过引入HTAP❸计算技术，实现多源异构数据融合计算能力；在数据服务方面，具备数据服务、能力服务和工具服务能力，支持公共能力的有效沉淀和敏捷提供；在数据资产管理方面，具备元数据管理、数据质量管理、数据开发管理、数据运维、数据共享、数据开放的能力，能基于数据认责矩阵实现问题定责，将问题数据以发起工单的形式解决并完成闭环管理，实现数据资产全在线、全天候管理。

---

❶ 捕获变化数据（changed data capture，CDC），通过解析数据库日志捕捉数据变化，并同步至目标数据库。CDC是指以审计列、全表对比、日志对比三种方式，进行变化数据捕获的技术，用于识别并抽取从上次提取之后发生变化的数据，其中：审计列方式是指在源表中添加如"修改日期"等时间戳信息字段，应用程序在对源表数据进行操作时，同时更新该时间戳字段，该方式的优点是容易实现，缺点是要求没有审计字段的源表改变数据结构；日志对比方式是指通过解析源端数据库日志文件来获得变化的数据，优点是对源端数据库影响最小，缺点是要求数据库管理系统必须提供支持；全表扫描方式是指对全表进行扫描对比，进行变化数据捕获，优点是技术简单，适用面广，缺点是效率低下。

❷ Kafka是由LinkedIn开发的一个分布式基于发布/订阅的消息系统。

❸ 混合事务和分析处理（hybrid transaction and analytical process，HTAP）是联机事务处理和联机实时分析的结合体，既可解决联机事务处理在线事务处理场景，还可以解决联机实时分析的在线分析场景。

2.4.5 数字孪生技术

数字孪生技术是通过仿真、数据分析、建模等数字化技术，在数字世界中构建物理实体的数字模型，实现物理世界与数字世界的精准、多元化映射，从而实时感知、诊断、预测物理实体的状态并反馈指导物理实体行为的一种技术手段。数字孪生包含两层含义：①指物理实体与其数字虚体之间精确映射的孪生关系；②指在数字世界中，与物理实体具有孪生关系的数字孪生体。

数字孪生与仿真既有区别，又有联系。数字孪生是仿真应用的发展和升级，仿真应用是数字孪生的重要组成部分。传统仿真是通过确定性规律和完整机理模型，对物理世界进行有限度的模拟；而数字孪生是通过物理模型、传感器及多学科、多物理量、多尺度仿真，来反映物理世界全生命周期过程，实现对物理世界的实时驱动。由此来看，仿真只是数字孪生全过程的中间环节，是保证数字孪生体与对应物理实体实现有效闭环的核心组成部分。

数字孪生电网是通过全面感知和实时连接，将网架、设备、环境、人员和业务等要素以数字化方式映射至虚拟空间，以实现全面精准反映现实物理电网运行全过程，并基于物理电网的状态信息反向控制物理实体电网设备和相关主体的目的，从而推动物理电网的优化调整。数字孪生电网通过电网经营管理、生产运行状态的实时在线，实现物理设备、控制系统和信息系统的互联互通，形成从电网状态感知、实时分析、智能预测、精准执行到智能交互的完整闭环，促进电网数字化、智能化水平显著提升。

按照数字孪生电网的演进趋势，可分为静态数字孪生、动态数字孪生和智能数字孪生三个阶段。静态数字孪生阶段是对物理电网的台账数据、模型数据、图形数据、环境数据等静态数据进行采集，并将采集到的静态数据进行图形化展示与历史分析，例如"站—线—变—户"的拓扑关系、电网的网架结构的展示与分析。动态数字孪生阶段是基于静态数字孪生阶段采集到的数据，进一步关联测点与实时采集数据，实现基于规则的实时告警与分析应用，支撑输电线路动态增容、变电主设备状态评价及故障诊断、配电网运行状态趋势预测等功能，实现物理电网与数字电网的实时互动与预测分析。智能数字孪生阶段是在静态和动态数据的基础上，进一步集成算力、知识和智能算法，实现人工智能的实时闭环控制以及人工智能辅助决策。

数字孪生在电网规划、调度、变电、设备管理等各业务领域均有广泛的应用。例如，在输电领域，基于三维通道点云数据，开展导线对地距离分析，实现通道隐患智能识别，逐步推动缺陷与隐患的智能识别全覆盖，实现巡视准无人化；在变电领域，进行变电设备数字孪生，实现变电站设备健康状况和运行动态的实时感知，以及特高压设备感知的可视化或透明化；在调度领域，以数字孪生系统为基础建设电网运行方式沙盘推演系统，实现电网运行计划编制、校核的智能化、互动化推演，提高计划的准确度和效率，最终建成以数字孪生系统为基础的整体控制决策系统，确保电网的安全稳定运行和可靠供电，提升电网运行智能化、精细化管理水平。

2.4.6 电力人工智能技术

人工智能技术是一系列IT系统、工具和方法的组合，也可以说是通过计算机程序手段实现的人类智能技术，通常包括语言识别、图像识别、自然语言处理、机器人等。人工智能技术作为一门计算机科学，其技术要素包括数据、算力、算法三个。在推动人工智能发展与应用的过程中，需要将人工智能与业务场景进行深度融合。因此，数据、算力、算法、场景共同组成人工智能发展的四个关键要素。

在电力生产经营过程中，人工智能技术通过与电网规划、生产、调度、营销等各领域的业务深度融合，实现对物理电网的智能感知、智能呈现、智能分析决策及智能交互。在智能感知方面，具体包括电力智能图像识别技术、电力人工智能语音识别技术等；在智能呈现方面，具体包括计算机视觉技术等；在智能分析与决策方面，具体包括电力系统机器学习技术、电力知识图谱等；在智能交互方面，具体包括智能机器人、电力人工智能语音语义技术等。

（1）电力智能图像识别技术。基于图像识别算法，实现机巡可见光和红外图像云端人工智能识别，同时可将人工智能识别算法移植到无人机等设备端，从而实现输配电无人机巡检设备缺陷图像识别、变电站巡检设备状态图像识别和变电站作业人员行为图像识别等功能，例如"刷脸办电"等应用。

（2）电力人工智能语音语义技术。在营销、调度、供应链、人资和综合管理等业务领域，利用语音识别、语音合成、自然语言理解等技术，解析语音数据并执行相应的业务功能，减轻业务人员工作量，提高业务效率。在调度领域，可通过抢修及客服调度知识库和调控语音语义识别模型，实现语义解析识别和智能人机交互，从而实现语音的程序化成票、下令、回签，根据不同用户类型、停电类型自动进行语音播报停电信息，大幅减轻人工压力，提升调控工作的执行效率。在营销领域，通过智能语音质检、智能知识库、智能在线客服、智能互动式语音应答（interactive voice response，IVR）等功能，改变客户服务模式、提升客户服务体验、降低客户服务成本，例如南方电网公司的95598智能客服。

（3）计算机视觉技术。计算机视觉技术在电力领域的应用主要集中在电力巡检和监控影像的目标识别与缺陷检测，具体包括电力场景视觉三维重建技术、视觉传感器四维注册技术、电力场景三维模型局部动态更新技术、电力场景AR智能交互技术等。在电网数字化三维重建过程中，主要采用数据驱动方法，快速准确地实现物理电网的数字化镜像，并基于数字化重构的三维点云，开展树障隐患、导线对地距离、交叉跨越等分析。

（4）电力系统机器学习技术。以深度学习、强化学习等前沿技术理论和算法模型为基础，结合电力系统数据和专业特点进行适应性改进和优化，构建电网故障特征识别、发电和负荷预测、电力设备状态评价等机器学习应用模型，提高电力系统负荷预测准确率，保证电力系统的安全稳定经济运行。

（5）智能机器人。电力机器人是面向电力巡检、服务、作业和调控等应用场景的机器人。智能机器人以人工智能算法封装自主识别、自主行为、自主学习、人机协作等核心技术，实现电力机器人的自主和智能化。

（6）电力知识图谱。通过知识抽取、知识融合、知识加工等技术手段，解析结构化和半结构化的数据，发掘电力业务之间的关联关系，构建电网知识拓扑图，全面支撑电网业务快速发展，可应用于语义搜索、智能问答、个性化推荐以及辅助决策等场景。在调度领域，综合调度业务场景和结构化数据，基于专家经验，对电网主体、调度事件等数据进行概念、属性、关系的抽取，形成调度领域大规模的知识库，可支撑调度日志、设备的事件统计、设备缺陷/故障查询等工作。

2.4.7 区块链技术

区块链技术是分布式数据存储、点对点传输、共识机制、加密算法等计算机技术在互联网时代的创新应用模式，具有去中心化、开放性、自治性、信息不可篡改、匿名性等特征。简单来说，区块链本质上是一个去中心化的分布式账本数据库，而区块链技术则是利用这种分布式的数据结构来验证与存储数据。区块链技术通过分布式节点共识算法来生成和更新数据，使用密码学方式保证数据传输和访问的安全，并支持由自动化脚本代码组成的智能合约来编程和操作数据，是一种全新的分布式数据库。

随着新型电力系统建设的加快推进，源网荷储互动程度将进一步加深。区块链技术作为一种规则化技术，具有多方共识、防篡改、可追溯等特点，与构建新型电力系统的战略目标高度契合，能够用于解决能源电力系统中遇到的各类问题，为新型电力系统建设发展提供"高速引擎"。

在保护电力系统安全方面，区块链技术通过封装数字电网底层数据的分布式数据信息，以及相应的数据加密信息，为分布式数据计算提供数据存储和运算基础，从而将电力大数据串联起来，同时为其提供安全的存取机制，防止第三方恶意篡改数据引起安全问题，达到保护电力系统安全性目的；在绿电交易方面，利用区块链技术防篡改、可追溯的特点，记录绿电生产、传输、消纳全流程信息，为消纳主体出具全国唯一性并具备司法级公信力的数字化绿色电力消费证明，实现绿色电力交易与认证的透明、可视，可信，有效提升绿色电力交易市场主体参与积极性，助力"双碳"目标的达成；在物资采购方面，通过与金融机构、司法机关、质检机构的跨链交互与数据共享，可穿透式地掌握物资采购过程中订单、运输、销售、质量评价等所有环节的情况，实现物资采购全流程交易可信存证和智能履约，为客户提供实时动态产品质量追溯等服务。

2.4.8　电力系统网络安全技术

安全问题贯穿数字电网建设始终，涵盖了电网构建至运行的全过程，既涉及信息层面的边缘装置接入、信息通信等环节，也涉及业务层面的生产运营、能源服务等环节，是建设数字电网不可忽视的重要问题。电力系统网络安全技术包括数据安全技术、安全防护和检测技术、通信安全技术、密码技术、终端安全接入技术等。

（1）数据安全技术。针对数据采集、传输、存储、使用、交换、销毁等数据生命周期中每个环节的数据活动，根据安全防护的不同侧重点和技术特征，采用数据分类分级、数据脱敏、数据加密技术等安全防护技术，提升数据安全管理水平。

（2）安全防护和检测技术。基于满足多层级、不同分区需求的国产化终端设备，采用通信规约一致性技术，建设新型电力系统终端安全检测平台，实现电力终端设备、电动汽车充电桩的安全检测和接入，提升电力本体安全能力。

（3）通信安全技术。通过内外交换平台、正反向隔离装置、电力5G网络切片安全防护、基于可扩展身份验证协议（extensible authentication protoco，EAP）的二次认证等技术，实现网络设备、安全设备接入及认证管理，提升通信安全水平。

（4）密码技术。采用密码应用检测与识别、密码流量监控与态势感知等技术，构建统一密码服务平台，对外提供统一的加解密、身份认证等各类密码服务功能，强化密码安全防护能力。

（5）终端安全接入技术。边缘侧装置的接入安全是保证电网完成有效感知与可靠控制的前提。从空间维度和技术维度构建多层次的安全防护能力，采用电力安全防护模块技术、融合安全功能的边设备关键技术、融合安全功能的端设备关键技术、零信任架构下的物联网终端安全认证技术、物联终端安全检测关键技术等，对物联终端、移动终端进行安全防护和安全接入，达到纵深安全防护的目标。

3

数字电网支撑构建新型电力系统

3.1 构建新型电力系统的背景和意义

3.1.1 "双碳"目标下的新型电力系统

1. "双碳"目标提出的背景、意义和挑战

我国"双碳"目标由习近平总书记在第75届联合国大会上正式提出，即我国二氧化碳排放力争于2030年前达到峰值，努力争取2060年前实现碳中和。

（1）"双碳"目标提出的背景。减少温室气体排放，避免气候灾难是全球共识。世界多国及共同经济体于1992年在联合国环境与发展大会上签署《联合国气候变化框架公约》，该公约成为全球气候治理的根本性法律文件，中国也成为最早签署《联合国气候变化框架公约》的缔约方之一。2016年，全球约有包括中国在内的200多个国家签署《巴黎协定》，对2020年后全球应对气候变化的行动做出统一安排并明确世界各国应自主贡献减排机制，以实现在21世纪末将全球平均气温较工业革命前上升的幅度控制在2℃以内的目标，并努力将升温控制在1.5℃以内。2020年，我国正式提出"双碳"目标。

（2）"双碳"目标的意义。"双碳"目标是我国主动承担应对全球气候变化责任、推动构建人类命运共同体的大国担当；同时，也是我国破解资源环境约束突出问题、实现可持续发展、顺应技术进步趋势、推动经济结构转型升级的迫切需要。实现"双碳"目标是全球共识，也为我国提供了和发达国家同起点、同起步的重大机遇，有利于抢占绿色低碳技术制高点，推动社会清洁绿色可持续发展。

（3）实现"双碳"目标面临的挑战。碳排放总量大而减排时间短。目前，我国碳排放规模约为100亿t，预计二氧化碳排放峰值约为120亿t，人均二氧化碳排放量已接近8t，超过世界平均水平（约4.8t）。我国二氧化碳排放量占全球二氧化碳排放总量的比重从1970年的6%增加到2017年的27%，翻了两番多。我国作为全球最大的发展中国家同时也是最大的碳排放国，面临经济社会现代化和减排的双重挑战，从碳达峰（120亿t）到碳中和只有30年，而美国从碳达峰（61亿t）到碳中和需43年，欧盟从碳达峰（45亿t）到碳中和需60年，我国

的减排力度和速度空前。2020年全球二氧化碳排放量前十国家如图3-1所示。我国能源清洁低碳转型任务艰巨，"一煤独大"的局面仍需要较长时间去调整。在新能源占比不断增加的趋势下，既要在短时间内完成新能源技术升级，保证新能源供应的稳定和可持续，实现能源领域的经济高效绿色转型，还要实现煤炭、石油等化石能源二氧化碳的减排技术创新与突破，增加森林碳汇，发展碳捕获、利用与封存技术，最大限度地实现碳排放量与碳汇量之间的平衡，这将是我国能源转型面临的长期考验。

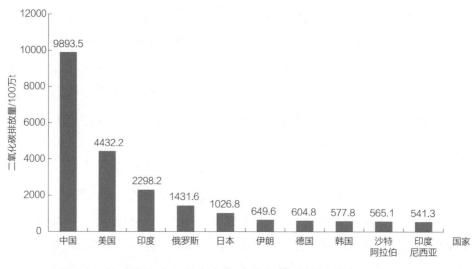

图 3-1 2020 年全球二氧化碳排放量前十国家

2. 新型电力系统提出的背景和含义

（1）新型电力系统提出的背景。为实现"双碳"目标，能源结构需要进行电能替代、清洁替代两个转型，电网连接着能源供应、消费及传输转换，是能源转型的中心环节，承担着艰巨的转型任务。在电能替代转型过程中，发电会成为一次能源转换利用的主要方向，预计到2060年发电用能占比将达到90%左右。电力将从过去的二次能源逐渐转变为其他行业的基础能源，同时成为主要的终端用能消费品，预计2060年终端用能消费中电力的消费占比将至少达到

70%。图3-2为我国终端能源消费预测。在清洁代替转型过程中，为实现碳中和的目标，非化石能源发电量占比需达到90%，而以风电、太阳能为主体的新能源发电量占比需达到60%左右。这就要求电网要从目前以输送常规能源发电为主的模式，向以接入高比例新能源为主的新型电力系统转变。综合来看，电力行业减排将直接影响"双碳"整体进程，加快构建适应新能源占比逐渐提高的新型电力系统则会成为实现"双碳"目标的关键。

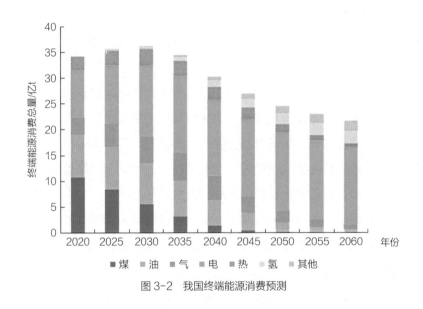

图3-2 我国终端能源消费预测

（2）新型电力系统的提出。2021年3月，中央财经委员会第九次会议首次提出要构建清洁低碳安全高效的能源体系，控制化石能源总量，着力提高利用效能，实施可再生能源替代行动，深化电力体制改革，构建新型电力系统。

（3）新型电力系统的核心内涵。新型电力系统是以确保能源电力安全为基本前提，以绿色电力消费为主要目标，以坚强智能电网为枢纽平台，以源网荷储互动（即多能互补）为支撑，具有绿色低碳、安全可控、智慧灵活、开放互动、数字赋能和经济高效等特点的电力系统。

3. 新型电力系统对"双碳"目标的贡献

根据国际能源署（international energy agency，IEA）统计，2019年中国能源领域碳排放量占全国碳排放总量的87%，其中电力行业碳排放量占碳排放总量的37%。可见，要实现"双碳"目标，能源是主战场，电力为主力军。电力行业碳排放主要来自发电侧、电网侧及用电侧，而新型电力系统对"双碳"的贡献也可以从这三方面进行归结。

发电侧的碳排放主要为化石能源发电产生的碳排放，碳减排的主要方向为采用清洁能源代替化石能源。新型电力系统将极大地增加新能源与可再生能源的开发和利用，全面促进风电、太阳能、水电、生物质能、核电、氢能以及其他清洁能源的利用。

电网侧的碳排放主要来源于网损，虽然电能在电网输送过程中的功率损耗并未产生碳排放，但部分电能的损失导致发电侧需要消耗更多的能源，从而间接造成碳排放量增加。碳减排的主要方向为提高电能传输效率，减少损耗。新型电力系统的发展需要先进的输电和配电技术，最大限度降低网损，同时提升高比例新能源并网技术，保障电网的安全稳定。

用电侧的碳排放主要来自用电终端对一次能源的消费以及高耗能消费。碳减排的主要方向为实施用能电气化改造，增加电能的终端能源消费比重，即加大以电代煤、以电代油、以电代气的步伐，同时提升节电技术。新型电力系统将增加电能替代和终端电气化改造，促使电能成为终端消费的主要能源，电能的终端能源消费比重越大，降低的化石能源消耗量越大，间接减少的二氧化碳排放量越大。综合预测，我国人均用电量到2060年碳中和时将比2020年的5320kWh翻一番，在用电结构上人均生活用电量、第三产业用电量比重将会不断提高。

3.1.2 新型电力系统的特征和挑战

1. 新型电力系统典型特征

新型电力系统是对传统电力系统的多维度升级，具有绿色高效、柔性开放和数字赋能三大典型特征。

（1）绿色高效。新能源将成为新增电源的主体，并在电源结构中占主导地位。预计到2030年和2060年，我国新能源发电量占比将分别超过25%和60%，电力供给将朝着逐步实现零碳化迈进。终端能源消费"新电气化"进程加快，用能清洁化和能效水平显著提升。初步测算，工业、建筑、交通三大领域终端用能电气化水平将从30%、30%和5%提升至2060年的50%、75%和50%，数字经济的快速发展也将推动终端用能电气化水平进一步提高。

（2）柔性开放。电网作为消纳高比例新能源的核心枢纽作用更加显著。特高压柔性直流输电技术以及"跨省区主干电网+中小型区域电网+配电网及微电网"可实现新能源按资源禀赋因地制宜广泛接入，主动配电网和智能微电网可提高供电可靠性，成为高渗透率分布式电源并网的重要解决方案。储能技术将加快发展并规模化应用于支撑大规模新能源柔性并网和分布式新能源开放接入，全面感知的数字电网技术将推动源网荷储各环节深度融合。

（3）数字赋能。新型电力系统将呈现数字与物理系统深度融合，数据作为核心生产要素，打通源网荷储各环节信息。依托强大的"电力+算力"，通过海量信息数据分析和高性能计算技术，可实现电力系统安全稳定运行和资源大范围优化配置，使电网具备超强感知能力、智慧决策能力和快速执行能力。

2. 建设新型电力系统面临的挑战

新型电力系统具有显著的"双高"特点，即高比例可再生能源和高比例电力电子设备，这将给电力系统带来全新的挑战。

（1）电力供需结构转变，电力保障面临挑战。随着新型电力系统的推进，电源结构由可控连续出力的煤电装机占主导，逐步转向强不确定性、弱可控性出力的新能源发电装机占主导；负荷特性则由传统的刚性、纯消费性向柔性、生产与消费兼具性改变。新能源电力存在能量密度小、发电年利用小时数低、地域分布不均、季节变化差异大、极端气候应变能力弱等问题，因此需配置大量调峰调频和储能装置；火电机组未来将逐步从基荷电源变成一种储能、调峰调频资源。随着新能源发电占比迅速提高，需统筹好新能源发展与电力保障的关系，加强各类电源协调规划以及跨省跨区的互联，并通过市场化手段大力推进需求侧响应和储能规模化应用。

（2）电网形态改变，电网安全面临挑战。电网形态方面，传统电力系统以单向逐级输电为主，而新型电力系统则包括交直流混联大电网、微电网、局部直流电网和可调节负荷的多形态电网，输配电模式更加多元化。新型电力系统在延续交直流串/并联特征的同时，由于源网荷储各环节高度电力电子化，将呈现低转动惯量、宽频域振荡等新的动态特征，系统功角稳定、频率稳定、电压稳定问题更加复杂。目前以传统同步发电机为主体的系统运行控制理论与技术，难以满足新型电力系统安全运行要求，系统基础理论、分析方法、控制技术亟须全面变革与突破。需准确把握新型电力系统的运行特性，研究新型电力系统运行控制技术，并出台新型电力系统技术标准，打造本质安全的现代化电网。

（3）运行特性发生转变，供电成本面临挑战。传统电网运行模式是"源随荷动"的实时平衡模式、大电网一体化控制模式。新型电力系统运行模式则是源网荷储协同互动的非完全实时平衡模式、大电网与微电网协同控制模式，因此需要更高的调频、备用、容量等需求，推高电力系统运行的成本。同时，大型新能源基地通常远离负荷中心，为保障高比例新能源并网消纳、系统安全与可靠供电，总体上新型电力系统建设和运营成本将上升。电网企业需统筹好系统可靠安全供电和经济性之间的关系，及时开展电价趋势分析，推动电源侧降本增效、用户侧节能提效，履行好保底供电责任，利用灵活的市场机制释放源网荷储各环节潜力，将供电成本控制在合理范围。

3.2 数字电网承载新型电力系统建设

3.2.1 数字电网对构建新型电力系统的作用

1. 数字电网对构建新型电力系统的使命和意义

在2021年3月中央正式提出要构建新型电力系统后，国家层面相继出台了多个方案和规划来明确数字化对新型电力系统建设的重要作用，如2022年4月，国家能源局、科学技术部发布《"十四五"能源领域科技创新规划》，提出了围绕先进可再生能源、新型电力系统、安全高效核能、绿色高效化石能源开发利用、能源数字化和智能化等方面开展能源科技创新，首次把数字化和智能化技术作为关键支撑纳入规划。

以数字化技术为核心的数字电网是新型电力系统建设的必然需求。一方面，数字化技术能更加有效地进行数据处理。云计算、大数据、人工智能、边缘计算等新一代数字化技术可以高速和快捷地处理新型电力系统中庞大的数据体系，推动电力和算力的深度融合，确保新型电力系统的安全、可靠、高效运行；另一方面，数字化技术为新型电力系统构建奠定了技术基础，可在新型电力系统构建中发挥枢纽、平台的作用。数字化技术支撑构建新型电力系统的体系如图3-3所示。某种程度上说，没有数字化，就没有新型电力系统。

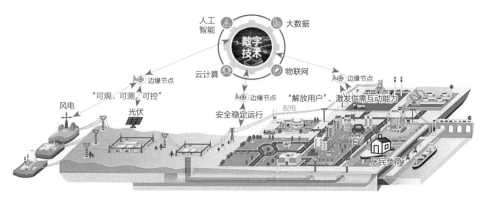

图 3-3 数字化技术支撑构建新型电力系统的体系

2. 数字电网赋能新型电力系统

（1）新型电力系统将成为具有显著数字化特征的信息物理系统。数字化成为新型电力系统各环节、各部分的典型特征。传统电力系统中，系统的设计、运行和分析均建立在经典机电理论和数学模型基础上，动作时间常数大（秒、分钟级），系统稳定措施主要计及发电机组固有的转动惯量，控制保护体系建立在相对"慢速"的系统机电特性上。

新型电力系统具有明显的弱惯性特点，动作时间常数小（毫秒级），频域分布广（直流的频域为数百赫兹），难以建立精确的数学模型，控制保护体系必须频繁应对更加"快速"的电磁暂态过程。电力系统的研究目标从关注机电同步过程发展为更多地关注数据同步过程，研究方法从模型等效发展为更多地基于数据驱动，基于数字化的信息与物理系统融合将成为新型电力系统的显著特征。

（2）数字化技术将支撑构筑新型电力系统的关键技术体系。电力系统传统技术体系主要面向特定功能，包括基于测量、传输和计算的运行控制系统，基于计量和人机交互的客户服务系统，以模型和参数为核心的仿真系统等，基本采用面向功能设计的集中式架构，该架构数据基础相对薄弱，较难满足新型电力系统数字化发展提出的新要求。

新型电力系统中，功能主体数量和数据规模激增，系统分析和运行面临千头万绪、千变万化的局面，在解决位于不同时间尺度、不同空间维度、不同运动过程中多个复杂对象的巨系统问题时，全局数据作为电力系统研究基础和纽带的作用将更加凸显。

先进的数字化技术将支撑构筑新型电力系统的关键技术体系。小微传感、芯片化智能终端提供灵活、便捷、准确、高效的边缘感知和控制能力，形成覆盖新型电力系统的神经末梢网络；云计算、物联网提供超大规模信息连接和处理能力，奠定新型电力系统关键的数字基础设施；大数据提供丰富数据分析和挖掘能力，推动新型电力系统多专业融合、协同发展；人工智能提供超强算力，提升新型电力系统智能分析和决策水平；区块链提供高强度的数据管理和保护能力，构筑新型电力系统生态发展的安全核心。

3.2.2 数字电网支撑新型电力系统的场景

1. 数字电网对构建新型电力系统的支撑依据

（1）依托强大的"电力+算力"支撑新型电力系统安全稳定运行。数字电网运用海量的传感设备提升数据采集的广泛性和实时性，通过在数字世界完整映射物理电网，建立数字孪生，推动离线仿真转向实时在线计算，促进数字世界和物理世界的双向互动。依托数字技术为电网的智能化赋能，透过数据关系发现电网运行规律和潜在风险，为电力系统安全稳定运行和资源大范围优化配置提供保障。

（2）以数字技术促进节能减排和源荷互动，助推能源消费革命。数字电网通过物联网和区块链技术聚合海量用户侧可调节资源，引导用户合理用电，促进发电侧与负荷侧双向互动，通过大数据技术辅助用户挖掘节能潜力，促进节能减排。数字电网通过构建适应新型电力系统的现代供电服务体系，推进数字技术深度融入用户服务全业务、全流程，实现线上、线下服务的无缝连接，提高服务效率和客户体验，支撑业务创新，帮助用户不断释放需求潜能。

（3）打通能源生态，促进共生、共享、共融、共赢。构建面向新型电力系统的数字生态，加大5G基站、物联网、北斗基站等新型基础设施建设投入，对接好国家工业互联网和数字政府，充分利用电网企业在算力、算法和数据资源上的优势，引导能量、数据、服务有序流动，推动能源生态系统利益相关方开放合作、互利共生、协作创新。

2. 数字电网承载新型电力系统的典型场景

（1）发电侧部分典型场景。

1）利用大数据、人工智能等技术实现新能源发电功率高精度预测与功率快速控制。数字电网以广泛部署的微型传感器作为数据源，基于电网运行大数据，通过深度学习充分挖掘海量非电气参数与电气参数的大数据关联关系，建设覆盖网省地三级的人工智能预测算法库。基于"南网云"搭建电网侧预测主站—新能源场站侧轻量化子站的云边协同架构，研发高精度海上风电功率预测系统，实现电网侧和新能源场站侧高精度发电功率短期和超短期预测。基于广泛部署在光伏逆变器和风力机出口处的微型传感器数据，结合天气预报数据，利用人工智能模型实现间歇性分布式电源发电网格预测。

2）以智能传感、物联网与边缘计算等技术推动新型电力系统全面感知。利用全域物联网平台，连接源网荷储等环节设备，广泛采集电气量、物理量、状态量及环境量等数据，实时感知新型电力系统的运行状态，支撑"鲜活"孪生数字电网构建，支持在分布式光伏、新能源站点、风能、新型储能、智能充电桩等新型应用场景建设。

3）数字驱动的新能源场站功率快速控制。采用先进数字技术提升新能源场站功率控制水平，并研发部署新能源场站快速功率控制系统，利用大数据开展新能源场站有功可调节裕度计算及有功优化分解，实现新能源场站功率动态分布及无功优化控制，支持新能源场站有功、无功等多目标解耦控制。新能源场站控制系统能自动接收并快速跟踪电力调度机构下发的功率控制指令、发电计划曲线或并网点电压值，实现自动发电控制（automatic generation control，AGC）和自动电压无功控制（automatic voltage control，AVC）功能，并根据系统频率变化提供虚拟惯性，开展一次调频，实现各个新能源机组的有功功率、无功功率与电压调节的快速优化调整，提升新型电力系统的调节能力。

（2）电网侧部分典型场景。

1）利用数字技术建设云边融合调控系统，提高源网荷储协调互动能力。重点拓展海量分布式主体接入、监视、控制、市场化运作与服务的能力，形成"云大脑+边缘节点"两级协同运作的云边融合新业态，使得新型电力系统拥有更加敏锐的"五官"和更加聪明的"大脑"，支持千万台级新能源发电设备作为主力电源参与电力系统调控过程，提高源网荷储协调互动能力。

2）利用人工智能技术实现新型电力系统调度运行自动导航与辅助决策。利用人脸识别、智能语音处理、自然语言理解、大数据分析等关键技术构建一体化的调度智能指挥控制系统，实现智能安全防误、智能操作代理、智能人机交互。基于全网电力系统模型、实时数据和电力规程、电力市场交易规则、技术规范生成调度实时系统图谱和调度业务管理图谱，并构建融合二者的调度业务知识图谱模型，实现电力调度领域综合知识问答和调度业务决策支持的智能辅助功能。

3）利用数字技术促进新型电力系统智能运维和作业。数字电网将调度自动化、配网自动化等系统的海量实时数据、设备台账、运行日志、声纹、温度、湿度、缺陷记录、检修记录、故障记录等数据统一接入电网数据中心，建立全网统一的设备数据样本库，用人工智能技术对全网各类缺陷、故障样本进行训练，分析引发各类缺陷、故障的主要因素及这些因素的贡献度，预测缺陷、故障发生的概率，研究高概率的电网故障集对电网运行的影响，提升电网风险评估和设备状态检修水平。同时，应用区块链等技术，通过工业互联网与设备供应商对接，开展供应商对设备进行在线分析诊断等，提升设备的健康运行水平；运用可穿戴设备、无人机、物联网、虚拟现实及增强现实等技术，提高作业现场工作效率和质量，提升基层班组"单兵作战"能力，在危险环境作业等场合利用物联网、人工智能等技术实现机器代人，改善员工工作条件，提高安全作业水平；通过数字化沟通协作工具实现大范围信息共享，提升多班组、跨专业的"协同作战"能力。

（3）用电侧部分典型场景。

1）利用数字技术支撑能源交易、碳交易、数据交易等多类型交易市场构建和运营。通过对能源信息的统一采集和数据融合，为市场参与方提供能源信息服务及辅助决策支持，帮助市场参与者在长期合约—日前交易—实时市场间进行效益优化与风险管控，在能量—容量—辅助服务市场间形成优化报价，最大化用户交易价值；对终端能源市场，利用大数据、人工智能技术实现能源套餐的精准推送，促进能源服务个性化、套餐内容定制化、服务反馈公开化。

2）利用数字技术支撑解放用户和辅助用户节能增效。通过物联网结合大数据技术，依托非介入式能效辨识等手段，提供智能家电、用电咨询、家电监测、安全诊断、节能服务、用电管家等增值服务，联合产业链上下游各市场主体，为客户创造价值。通过智能语音、计算机视觉、自然语言处理等人工智能技术，构建95598智能客服，使客户获得更方便、快捷的业务办理方式，体验科技进步带来的服务品质提升。通过大数据结合人工智能技术，实现用户360°画像，精准地辨识用户对电价的承受能力、参与需求响应的意愿、实施能效管理的潜力等，为智能推送、精准营销等客户个性化服务提供重要的分类标签与定位线索，为用能用户、售电商、新能源开发商，甚至跨界的商业主体提供创新服务。

3）利用数字技术配置调节资源。通过物联网和区块链技术聚合海量用户侧可调节资源，建设虚拟电厂，引导用户合理用电，促进发电侧与负荷侧双向互动。通过对内部各类分布式资源的管控，虚拟电厂可减少分布式资源无序发展对电网带来的负面影响，如利用虚拟电厂可参与配电网阻塞管理、电压控制等。

4）利用数字孪生技术，构建"站线变户+源网荷储+分布式能源"的新型电力系统运行示范。建成新一代电网时空孪生平台，提升平台的基础能力、分析能力、业务能力和安全防护能力，加强数字技术平台创新能力，支撑面向新能源的规划、并网接入、运维等新业务应用场景建设。

数字化转型的本质是业务转型；是利用数字技术对传统企业全方位、多角度、全链条的改造；是企业资源的再分配，业务与管控模式的重构。电网数字化转型业务域涵盖战略管理、规划建设、调度运行、安全生产、市场营销、财务管理、人力资源、供应链管理、创新业务、网络安全域数字化、综合管理、战略运营与管控等业务域。本篇选取了电网规划建设、调度运行、安全生产、市场营销等电力核心业务的数字化转型场景进行深入分析，助力电力从业者熟悉传统业务如何数字化转型、洞察数字业务未来发展趋势。

实践篇

4

规划建设
数字化转型

4.1 数字规划

4.1.1 电网规划业务概述

1. 规划基础概念

电力工业规划是在整个国民经济规划指导下，研究电力工业的发展思路、发展规模和基本布局，用以保障电力的可持续供应。电网规划是电力工业规划的重要组成部分，依照规划期内的负荷需求预测和电源规划方案，确定电网发展的技术路线、网架方案和建设时序，满足可靠、经济输送电力的要求。

（1）电网规划的目的。电网规划一般以城市发展总体规划为依据，以电力供应满足市场需求为导向，以构筑安全、可靠、绿色、高效的现代化电网为目的，充分考虑电力需求的增长及负荷分布情况，确定电网在规划期内的网架结构和电网建设项目，并通过逐年电网建设改造逐步解决电网的薄弱环节，以最小价值成本实现电网发展能力的全面提升。

（2）电网规划的原则。电网规划本身带有预测和仿真特质，与电网的历史和未来都密切相关，是一项复杂艰巨的系统工程，具有规模大、不确定因素多、涉及领域广等特点。在规划过程中应遵循以下原则：

1）与规划区域经济、社会、环境发展相协调，与城乡总体规划相结合，深入推进电网与其他基础设施协调发展。

2）全面贯彻电网分层分区要求，简化网络接线，满足安全供电和电能质量的要求，防止大面积停电事故发生。

3）以电网现状和负荷预测为依据，适度超前发展，以满足国民经济发展的要求。

4）全面统一规划，做到电网与电源规划相协调，与网/省/市/县各级规划相协调，努力实现最大范围的资源优化配置。

5）以解决现状问题为着眼点，新建与改造并重，先缓急、后发展，远近结合，逐年分步实施，留有裕度。

（3）编制规划的年限。电网规划的编制年限宜与国民经济和社会发展规划的年限相一致，并根据经济发展情况进行滚动修编，一般分为近期（5年以下）、中期（5~15年）和长期（15~30年）规划。近期规划提出项目建设时序，作为编制项目可行性研究报告和项目核准的依据；中期规划提出规划水平年电网的建设规模、结构和布局；长期规划提出电网发展的基本原则和方向、电网网架结构要求等。

2. 规划基本业务

电网规划主要包括输电网规划、配电网规划和规划专题研究。

（1）输电网规划。输电网规划是指220kV及以上电压等级电网规划，以国民经济发展规划和电力工业发展规划研究为基础开展，与国土空间规划衔接，以近中期为主，远近结合，提出最优电力输送通道方案、网架规划方案等。其中，近期规划是在中长期规划研究的成果指引下开展，主要研究近期220kV及以上电网建设规模与项目；中长期规划以近期规划成果为基础，主要研究220kV及以上电网目标网架结构及其过渡过程等问题。

输电网规划致力于贯彻落实国民经济规划的总体目标和要求，关注社会、经济、环保等方面对电网规划的影响，更关注全局性、系统性的问题：分析研判国际国内经济形势、政策方向、产业发展、资源、环境等对电力需求预测总量和特性的影响；根据国民经济规划和能源规划对电力系统的要求，以及电力工业规划对电源结构、时序、布局的安排，结合电力系统运行特性，分析对电源建设空间需求，提出电源规划建设建议；根据电源和电力需求布局、输电网运行特性，在确保电力安全稳定运行的基础上，研究电网网架优化方案，开展相应的电气计算，分析网架建设对输配电价、社会、环境保护造成的影响。

（2）配电网规划。配电网规划是指110kV及以下电压等级电网规划，与输电网规划相衔接。在负荷预测、上一级变电站布点等环节对输电网规划提出建议和要求；同时应与国民经济发展规划、国土空间规划相衔接，在站址、走廊预留预控等方面对政府提出建议和需求，提高规划落地有效性。配电网规划以近期为主，提出5年规划目标，明确并细化近3年规划建设项目，匡算5年建设规模及投资估算。根据城乡发展规划和市政规划需要，可开展饱和（中长期）

配电网规划，主要研究骨干网架结构，估算建设规模及投资。

与输电网规划研究相比，配电网规划更致力于承接国民经济规划的具体要求，更关注解决局部区域的问题；承接输电网规划对电力需求预测的研判，分析各区域电力需求，直接面向电力用户，为输电网规划电力需求预测提供自下而上的数据支持。

（3）规划专题研究。指支撑电网规划及实施所开展的研究课题，主要包括以下方面：

1）能源规划、电力专项规划、电网规划及相关的电力需求预测、电源规划研究、电网网架研究、大型电源输电规划、跨省跨区送电、配电网发展、智能电网关键技术、周边电网互联互通、规划图集编制、规划成果汇编等研究。

2）经济开发区、工业园区、高新区等重点区域及电气化铁路等重点工程的专题供电方案研究。

3）调峰电源选点规划，对规划方案有重大影响的线路和站址的规划选址选线、规划环评等。

4）其他为解决能源、电力行业和电网发展问题而开展的专题研究项目。

3. 规划业务特点

规划业务特点主要包括以下几个方面：

（1）多目标性。一个规划合理的电网，首先应满足技术上的先进性，进而达到可靠性和灵活性；既要实现经济效益上的增加，又要为社会带来公共效益，还要保证环保；电网规划既要根据国民经济规划、能源规划的总体目标和要求开展研究，也要与国土空间规划、交通规划等其他专业进行衔接；这是一个大系统、多目标的规划。

（2）不确定性。主要存在以下方面挑战：

1）电力供应安全面临的挑战。当前国际形势复杂多变，能源价格高企；国内煤炭、天然气供应紧张，火电企业经营困难并承受能耗双控压力，水电出力具有不确定性，部分地区电力供应紧张；长期来看，电力需求保持稳步增长趋势，尖峰负荷特征日益凸显，电力供应安全形势严峻。

2）新能源消纳面临的挑战。新能源占比的不断提升，其间歇性、随机性、波动性特点快速消耗电力系统灵活调节资源，区域性新能源高效消纳风险增大。

3）电力体制改革面临的挑战。全国统一电力市场正在逐步构建，电力用户与电力生产商之间的交易可能导致长距离、大规模送电，随着电力现货市场的推动，不同电源逐步实现竞价上网。这些因素都对电网规划、系统运行提出了更高要求。

（3）高度依赖数据分析。电网规划业务高度依赖基础数据分析。基础数据覆盖面广，既包括国土空间规划、国民经济发展、人口、气象、地理信息、电源等外部公共数据，又包括电网设备情况、网架结构、运行数据、用电需求、指标数据等内部数据。为保证规划成果科学合理，规划过程需要使用WHPS、BPA、ETAP等专业计算软件辅助分析。

4. 关键评价指标

规划业务关键评价指标旨在衡量电网规划是否有效，主要包括安全性、可靠性、经济性等方面，通过评价和分析这些指标，可以定量判断规划方案是否合理，从而对规划进行修改和完善。规划业务关键评价指标见表4-1。

表4-1　规划业务关键评价指标

业务	指标名称	指标说明
规划管理	万元输电资产输电量	一定时期内（通常为一年）单位输电资产的输电量（含网损电量），反映输电网资产的使用效率和投资成效
	中压线路联络率	具备联络的中压线路占全部中压线路的百分比，线路联络率意味着线路间相互支援的能力，反映中压网架的可靠性
	中压线路重过载占比	中压线路负载率大于80%的线路回路数占全部中压线路的百分比，反映中压线路的运行情况，线路长期重过载会降低线路绝缘水平，甚至烧毁线路
	电缆化率	电缆长度占全部线路长度百分比，反映设备装备水平，电缆具有耗能低、抗干扰能力强、节省地面架空线路走廊所占面积等优点
	电网容载比	各电压等级变电容量与最高负荷的比值，从整体上反映某一区域电网变电容量对负荷的供电能力。容载比应按电压分层分区计算，统计降压变电容量和相应降压负荷。一般应扣除同级电压用户专用变电站的变压器容量和供电负荷及用于升压送电的变电站容量

续表

业务	指标名称	指标说明
规划管理	系统满足元件 "N－1"比例	电网中满足"N－1"条件的元件（线路/主变压器）百分比，用于评估电网网架结构的安全可靠水平，校验正常运行方式下的电力系统中任一元件（如线路、发电机、变压器等）无故障或因故障断开后，电力系统保持稳定运行和正常供电，保证其他元件不过负荷，电压和频率均在允许范围内的能力
	城镇高压配电网 "N－1"通过率	城镇高压配电网中满足"N－1"条件的元件（线路/主变压器）百分比，当该设备因故障或计划退出运行时，不影响电网的安全稳定供电，反映城镇高压配电网的可靠性
	配电网可转供电率	可转供电线路占全部线路的百分比。可转供电线路的定义：有联络关系的线路同时处于最大负荷运行方式下，某回线路的变电站出线开关停运时，其全部负荷可通过不超过两次（含两次）转供电操作，转由其他线路供电，那么该线路称为可转供电线路
	线损率	线损是指电能在电网传输过程中，在输电、变电、配电和营销等各个环节所产生的电能损耗和损失。线损率是指线损电量占供电量的比例，是电网企业的重要经营指标和技术指标，综合体现了电网规划建设、生产运行、装备状况和经营管理水平

4.1.2 电网规划主要支撑系统

从业务流向来看，电网规划处于整个电力系统生产运营的始发环节，但是从数据流向来看，电网规划又处于数据消费的末端环节。

作为典型的数据"消费型"业务，电网规划具有天然的数字化基因，这也使得电网规划的数字化发展程度高度依赖于其他业务和环节的信息化水平。在传统信息化发展阶段，各业务域信息系统建设主要以实现业务功能为目标，数据质量参差不齐，各系统采取独立建设部署的模式，跨系统间数据缺乏统一标准和结构，数据资源难以共享，加之规划所需数据来源复杂、数据量大，长期以来一直采用线下收资、人工编制的模式，难以有效满足电网规划业务的需求。电网规划域基础数据如图4-1所示。

随着数字电网建设的推进，电网数据资产管理能力、大数据平台技术支撑能力日趋成熟，为规划数字化转型奠定了坚实的基础，电网规划的技术发展速度明显加快。

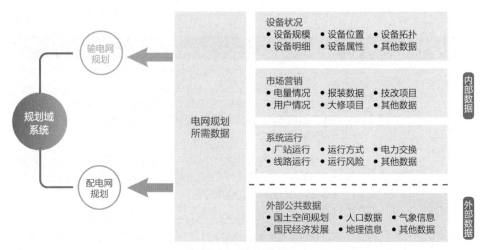

图 4-1　电网规划域基础数据示意图

基于数字电网统一技术架构，以底座式数据中心为基础，融合生产、营销和投资计划等管理数据和调度、计量等量测数据，支撑电网规划业务。电网规划数字化建设情况如图4-2所示。

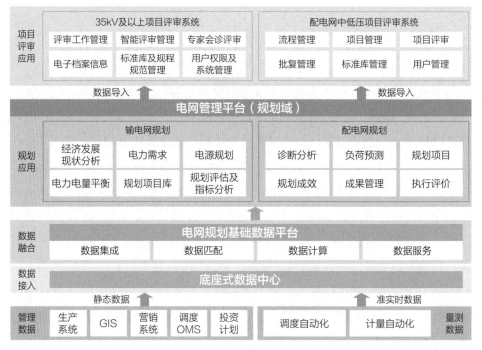

图 4-2　电网规划数字化建设情况

1. 输电网规划系统

输电网规划应用主要是结合经济社会发展形势，对电力需求、电源、电网历史态和未来态进行数字化分析，为电力需求预测、电力电量平衡、电气计算、变电站布点、系统选址选线、方案技术经济分析、历史及现状电网综合分析等输电网规划研究全过程提供有效的辅助工具。输电网规划应用业务框架如图4-3所示。

输电网规划

规划任务管理	电源规划	规划报告辅助编制	综合指标分析
地理接线图管理	电力需求预测	规划辅助评审	规划评估
问题库管理	电力电量平衡	规划成果管理	投资估算
基础数据管理	现状分析	规划方案辅助编制	基建项目库管理

图 4-3 输电网规划应用业务框架

输电网规划系统包括以下模块：

（1）电力需求预测模块。主要实现国民经济发展情况分析、电量预测、历史负荷特性分析、负荷特性预测分析、负荷预测等5项业务功能。根据电力工业规划电力需求预测研究成果及前期工作开展情况，设定预测水平年，测算规划期内的全社会用电总量及分年度用电量。

（2）电源规划模块。主要实现电源规划信息收集、电源规划方案优化及建议、电源规划分析等3项业务功能。主要基于电力需求预测、现状电源及在建电源规模和出力率、电力电量平衡结果计算电源建设空间，并针对原有的电力工业规划电源方案研究成果，提出补充或缓建电源建设建议，形成基于本规划研究项目边界条件的电源规划方案建议。

（3）电力电量平衡模块。根据电力需求预测的电量和负荷结果，以及电源机组等相关数据，计算规划年的电力盈亏情况。主要实现电力平衡、电量平衡、网架受限容量、分区配置、电力流绘制等5项业务功能。

（4）输电网规划方案辅助编制模块。实现规划方案的拟订以及网架图的绘制，自动形成电气计算基础数据，规划项目工程量和投资，实现辅助支持电气计算，同时支持单个项目多方案经济比较、网架结构多方案组经济比较。主要实现变电站容量需求分析、网架规划管理、方案比选管理、规划方案管理等业务功能。

（5）规划评估和指标分析模块。主要实现输电网规划、高压配电网规划等安全风险解决情况、建设规模情况、容载比情况等规划情况的统计分析。安全风险解决情况，通过关联统一问题库，统计并展示规划任务解决问题的情况并展示数据详情。建设规划，通过关联规划项目库，统计并展示规划任务的建设规模情况，并展示数据详情。

2. 配电网规划系统

配电网规划应用结合业务需求，统一配电网设备模型，融合配电网生产、营销、调度业务数据及运行数据，系统实现配电网数据整合与分析、配电网规划可视化应用，支撑配电网规划数据查询、配电网规划等业务。配电网规划应用业务框架如图4-4所示。

配电网规划系统包含以下模块：

（1）年度基础数据管理模块。根据规划任务，确定时间断面，从各专业的日常基础数据库中导出所需数据，汇总形成年度基础数据库，作为年度问题库清单、年度项目库清单的基础数据支撑。年度基础数据管理在电网规划业务流程的协作关系如图4-5所示。

（2）现状分析模块。现状分析模块对有问题的电网设备进行定位和着色，突出问题分布情况，再按照规划导则的判断标准自动分析电网存在的问题，自动生成现状问题库。

（3）规划报告报表辅助编制模块。主要实现规划报表辅助编制、规划报告辅助编制等业务功能。规划报表辅助生成省、地市、区县三级报表。规划报告支撑上传规划报告（报表、报告、图纸），向上级发送规划报告（报表、报告、图纸）。

（4）规划成果管理模块。主要实现成果审批、成果查询等业务功能。通过

图 4-4　配电网规划应用业务框架

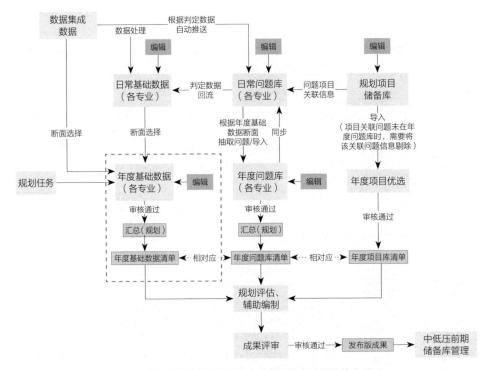

图 4-5 年度基础数据管理在电网规划业务流程的协作关系

成果查询，可以获取规划任务关联的地市工单以及地市关联的基础数据、报告和报表等信息。成果审批，根据管理权限对规划成果进行审核并发布。

（5）规划评估及指标分析模块。主要实现经济评价、成效分析、综合展示业务功能。经济评价，根据电压等级、投资策略等统计投资估算，并导入经济结果评价结果、敏感性分析结果。成效分析，从电网规划指标、问题解决情况两方面，进行多维度评估分析，实现规划报表、规划成果归档汇总。综合指标展示，将多项指标数据显示在地图上，点击图形跟踪详情。

（6）规划辅助评审管理。主要实现设计标准、政策法规、管理规定等评审参考资料的管理，以及评审专家库管理、咨询单位资信管理、评审要点库管理和线上评审管理。并根据最新的规范性文件、政策要求及人员等情况，进行定期或动态更新。

4.1.3 数字规划展望与趋势

"十四五"期间，规划数字化转型的主要任务是实现规划基础数据自动收资、智能分析，推动规划由"线下收资、人工编制"开展向"自动收资、智能编制"转变，实现规划全流程闭环管控。

1. 面临的挑战

（1）外部公共数据获取成本较高。电网规划业务所需的公共数据来源于不同主体，数据获取的完整性、准确性、时效性仍然存在机制和技术方面的瓶颈。

（2）图形化建模和数据融合能力有待进一步提升。电网规划数字化转型以图形化建模为核心技术，以数字孪生为主要形态的特点已逐步显现。电网数字化规划需大量的图形化建模与处理，主要包括识别卫星影像地图、气象地图、市政规划专题图等图形中的地块、道路、地形、环境分区等信息，构成图形信息库；研发电网网架自动成图技术，实现规划态网架与现状网架智能耦合、电气接线图简化分析及优化布局、地理接线图简化分析及优化布局，解决当前网架不直观、过渡方案不明等问题。当前，高精细度的负荷预测及多维度问题分析模型缺乏，基于地理图形识别及融合技术的规划布点、布线、布廊智能决策等人工智能技术处于研究阶段，业务辅助智能支撑水平有待进一步提升。

2. 未来提升方向

电网规划是电网公司战略转型与电网数字化转型的重要衔接点，在推动电网数字化转型的过程中起到战略引领作用。通过强化总体战略布局下电网数字化转型的方向和能力，以规划为引领、以数据为抓手，带动各业务单元协同发展。

（1）提升外部公共数据获得能力。积极抓住"数字城市"和"对接数字政府"建设的关键机遇，配合各级政府构建统一的公共基础大数据平台，依托公共数据平台强大的数据汇聚能力，强化电网规划外部公共数据自动获得能力，提升电网规划数字化实用水平。

（2）提升智能规划水平。在构建新型电力系统的背景下，电网规划涉及新能源大量接入多要素条件的潮流计算、短路电流计算、安稳计算、高精细度的中长期电力需求预测、多时间尺度网架规划仿真等海量的系统生产模拟电气计算，对模型精准度及计算能力提出了更高要求。基于数字化仿真分析结果智能判断电网薄弱环节，以图形化、信息化等多种方式标注、警示，通过态势感知与智能分析提前预判负荷增长趋势，提前做好输配电网规划。加大多源数据处理和智能化工具应用，提升电网规划智能化水平，实现数智化驱动业务转型。

（3）提升数字建模水平。构建电源、用户、储能以及变电站等电网关键设备的电网静态等效仿真模型库，研究针对典型场景下的多元源荷储协同运行的动态等效分析模型，研究多时间尺度的输配电网高性能仿真分析体系，构建面向新型电力系统的电网全景仿真平台，支撑可视化、可计算、可仿真的电网规划。

4.1.4 数字规划典型场景

1. 智能选址选线

变电站站址以及送电线路路径的选择，在规划设计工作中起承上启下的作用，是将规划方案落实到具体工程，为后期项目建设提供基础支撑的重要环节。选址选线需要考虑负荷分布、电网现状、线路走廊、地形地质及城市建设发展规划一致性等诸多因素。传统的选址选线高度依赖地形、地质资料，信息单一且不直观，设计方案时常不能全面考虑到建设工程中的实际困难，需要设计人员现场勘查后反复修改，工作效率较低。

智能选址选线根据负荷分布、高比例新能源接入系统分布、储能电站充放电特性、电力电量平衡结果、供电范围，综合考虑各类专项规划（包括国土、交通、电网等）、敏感区数据（水域、自然保护区、矿区、风区、震区、雷区等）、地理信息系统（geographic information system，GIS）网架拓扑关系等影响因素，基于层次分析法的人工智能优先选站模型，对新增变电站数量、布点和供电范围进行优化，提出输电网变电站的规划智能布点方案，凸显电网的优化资源配置平台作用。利用人工智能算法进行从起始变电站到终点变电站电力路径的规划，实现地理信息智能识别、敏感点智能避让、路径智能分析，对规划方案中的线路路径进行自动细化和优化，丰富选址选线的方法。智能选线示意图如图4-6所示。

图 4-6　智能选线示意图

2022年，广东电网有限责任公司（简称广东电网）上线的智能选址选线系统，实现了基于人工智能算法的变电站站址和线路路径设计，有效减少了非必要的实地勘探工作，相比于传统做法缩短约50%的工作时长。

2. 配电网中低压项目智能评审

配电网中低压项目评审是电网建设的重要环节，但由于配电网数据碎片化、孤岛化，难以高效利用，同时项目评审又存在时间紧、任务重的客观问题，造成配电网中低压项目评审业务效率与质量不高。

广西电网有限责任公司针对长期困扰项目评审中的堵点、难点问题，统筹推进中低压配电网管理优化提升，实现配电网中低压项目智能评审。在基础数据获取上，打通配电网规划可视化系统接口，有效融合营销系统、GIS系统，实现项目基础数据自动、实时获取；在设计方案展示上，基于新一代电网时空数字孪生平台（简称南网智瞰），直观展示项目涉及的关键杆位信息、地物信息、重要穿越、交叉跨越点信息等，并具备展示现场图片功能，利用多图层实现工程项目各阶段路径方案对比展示，解决因配电网项目评审点多、面广、时间紧而无法进行现场评审的问题，配电网中低压项目智能评审路径方案展示如图4-7所示；在成果提交上，实时更新内嵌的技术标准、造价标准以及成果模板，与设计任务实现同步下发，确保每批次项目设计标准与提交成果的统一性；在智能评审上，通过统一工程评审标准，实现从规划依从性、系统方案、建设方案、造价等方面自动识别出问题，并逐一进行异常提示，评审专家对提示问题可进一步分析或直接采纳，最终自动生成评审意见。

图 4-7　配电网中低压项目智能评审路径方案展示

配电网中低压智能评审系统自2021年投运以来，提升了项目评审传统功能，将评审专家从海量、重复、低效的工作中释放出来，项目评审工作效率提高80%。

3. 配电网规划"一县一可研"数字化应用

传统配电网规划工作面临"收资难、编制难、评审难"三大难点。电网现状收资所需的设备主要参数、系统运行数据多，规划方案的编制主要依靠笼统的技术导则和规划人员的主观经验，不仅耗费大量人力、物力，也难以获得"技术可行、经济最优"的方案。原有配电网规划系统存在网格绘制不够便捷、不能按网格化进行收资分析、负荷预测算法较为单一等问题，对当前精细化管理的规划模式粒度支撑不足。

云南电网有限责任公司（简称云南电网）针对以上问题，打造配电网规划"一县一可研"数字化应用，如图4-8所示。该应用融入配电网网格化规划理念，以南方电网公司云平台为基础算力资源，充分发挥数据中心、南网智瞰等数字技术平台能力，优化配电网基础数据模型、基础数据自动收资功能、配电网负荷预测算法，建立规划人才库、建设规划全景图、规划成果共享等功能。数据层面，优化原有的数据离线导入的模式，通过接入计量数据、设备中心资产台账数据、气象数据，以及外部宏观经济数据、政府规划数据等，提升配电网规划前期收资效率。GIS能力层面，通过集成南网智瞰统一地图服务、电网拓扑数据等，为电力设备选址优化提供工具，提高电网设备选址规划的经济性和可靠性。此外，集成电网管理平台、客户服务平台等相关问题库数据，提升配电网问题库的业务覆盖范围，实现配电网现状问题精准分析。"一县一可研"数字化应用为配电网规划工作提效增速，助力配电网规划工作向数字化、智能化和服务化转型。

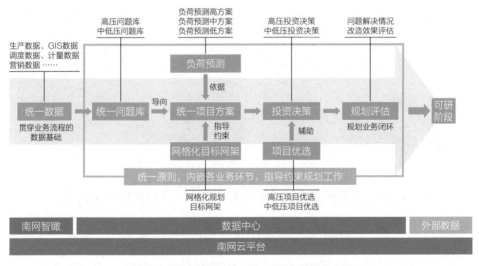

图4-8　配电网规划"一县一可研"数字化应用

4. 电网规划大数据应用

配电网规划涵盖规划收资、规划方案制订、规划投资估算、规划效果评估等过程，具有涉及专业领域多、数据信息量大、不确定因素多、规划条件更新变化快等特点，存在规划数据获取难、规划问题分析难和规划方案管理难等难题,面临着"决策难、评审难、编制难"的三大难点。

贵州电网有限责任公司(简称贵州电网)利用大数据分析处理技术,打通多个配电网系统的数据孤岛,实现配电网全域数据集成和共享,有效提升配电网精益化管理水平。基于电网管理、调度运行、营销计量等多个配电网系统,完成"站—线—变—户"映射梳理、"台账数据—运行数据"映射匹配,实现配电规划的统一数据版本、统一分析应用、统一辅助决策、统一信息展现,支撑构建配电网"管理规划2张图、集成规划1套数据、建设规划3个库、打造规划1套平台"的"2-1-3-1"的配电网规划数据应用模式,设计开发基于潮流计算的可靠性评估功能、"N-1"安全性评估功能、理论线损评估功能,有效促进规划问题精准输出、规划指标精准计算、配电网计算能力提升。同时,持续深化配电网规划数字化转型,在电网规划数据应用平台基础上,不断研究实现配电网综合评价、薄弱环节辨识、地区年度投资额确定、中低压项目优选、网架一张图等高级应用功能。配电网规划应用框架示意图如图4-9所示。

图 4-9　配电网规划应用框架示意图

电网规划数据应用系统于2020年在贵州电网推广以来,已覆盖贵州电网省、地、县各层级,活跃用户数达到600余人。该系统累计辅助生成400余份规划业务分析报表,有效支撑贵州电网"十三五"项目库优化、农网完善分析、目标网架梳理、低电压台区分析与治理、设备利用率分析、"十四五"配电网规划、配电网数据质量提升等配电网规划管理,全面提升全省配电网规划管理和技术水平。

4.2 数字基建

4.2.1 基建业务概述

1. 电网基建基础概念

电网的基建工程主要包括输电网及高压配电网基建、中低压配电网基建及小型基建等。其中，输电网及高压配电网基建主要是指输电线路、变电站、高压配电网等设施建设；中低压配电网基建主要是指中低压线路及台区的设施建设；小型基建是指诸如供电所、保障性住房、办公楼等建筑的建设。

基建管理是基建项目从初步设计（电源项目从招标设计）到竣工验收全过程管理，包括技术管理、采购管理、安全管理、质量管理、进度管理、造价管理等。

2. 基建基本业务

（1）技术管理。基建技术管理涵盖工程技术管理、标准设计管理和工程设计管理等部分，其中工程技术管理是指技术标准管理、新技术研究及应用管理等，标准设计管理是指统一制修订并发布电网工程标准设计，工程设计管理包括初步设计和施工图设计、建设过程管理、竣工图设计等。基建技术管理还包括基建领域全面技术创新，依托基建工程落实新技术研究及应用，持续提升基建技术水平。

（2）采购管理。基建采购管理是指招标采购、合同和承包商管理。基建招标采购采用集约化管理模式，包括项目的设计、施工、监理、评审、咨询，以及与工程建设有关的重要设备、材料等方面的招标采购和合同管理。

（3）安全管理。基建安全管理重在防范人身伤亡事故，包括安全风险管理、施工安全管理、承包商安全管理和应急与事故管理。为实现基建安全风险的可控在控、基建工程的安全有序进行，应当系统地辨识、评估和预控风险，推进安全生产风险管理体系应用，编制安全事故应急预案，在施工现场严格落实安全管理办法。

（4）质量管理。基建质量管理的目的是提升工程实体质量水平，主要包括

合规管理、质量管理和项目验收管理等部分。质量管理涵盖工程质量控制、缺陷管理、达标投产及工程评优管理等内容。项目验收管理是指按统一的验收标准开展基建项目的过程验收、启动验收、竣工验收，以及资产移交等工程档案管理。工程参建各方须严格执行基建质量管理办法，对工程关键环节、关键工序、关键部位进行重点管控，保证工程实体质量。

（5）进度管理。基建进度管理是为了加强项目进度计划的全过程控制，实行项目工期目标的管理办法。进度管理工作包括确定关键节点（特指项目主要阶段之间标志性工作开始或结束的时间点），制订里程碑进度计划、单项工程进度计划，指导工期等内容。

（6）造价管理。基建造价管理以资产全生命周期综合效益最大化为目标，分阶段静态控制，全过程动态管理，合理控制项目造价，包括可行性研究估算、初步设计概算、施工图预算、工程实施过程费用、工程结算、竣工决算等内容。

3. 业务流程

基建的业务主要围绕项目的流程开展，基建管理业务流程如图4-10所示。

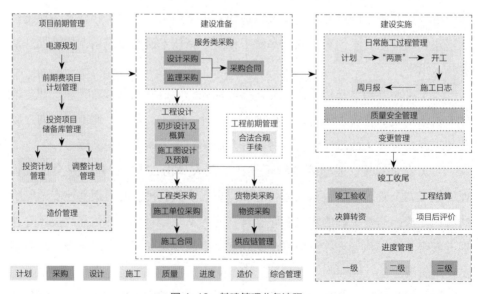

图 4-10　基建管理业务流程

（1）项目前期管理。应基于电网规划开展项目可行性研究、核准等前期工作，目的为纳入投资计划储备库。

（2）建设准备。项目纳入投资计划后开展，采购工作根据采购内容可分为服务类采购、工程类采购和货物类采购。服务类采购主要是采购设计单位和监理单位的服务，工程类采购主要是采购施工单位以开展工程施工，货物类采购主要是采购基建相关物资。设计单位完成设计和概算后将设计图移交至施工单位，会审通过后可以开展建设工程。

（3）建设实施。该阶段包括制订施工计划，依照"两票"开展施工，并形成施工日志和周月报，为项目进度管理提供支撑。此外，安全管理贯穿整个基建过程，在建设准备阶段相关人员还应参加安规考试。

（4）竣工收尾。该阶段包括竣工验收、工程结算、决算转资和项目后评价等内容。

4．关键评价指标

基建业务关键评价指标见表4-2。

表4-2　基建业务关键评价指标

业务	指标	指标说明
进度	基建工程进度计划完成率	统计时段内被考核单位所负责建设的主网项目、配电网项目、电源项目的开工、投产、竣工验收进度计划完成率的加权和
	费用及进度受控项目比例	费用及进度受控项目占项目总数的比重
造价	基建工程造价控制指标	统计时段内被考核单位所管辖基建电网工程、电源工程造价控制指标的加权和
质量	基建工程验收合格率	统计时段内被考核单位基建电网项目单项工程验收合格率和电源项目单位工程验收合格率的加权和
技术	基建工程标准设计和典型造价应用合格率	统计时段内被考核单位所管辖变电工程、线路工程、配电网工程标准设计和典型造价应用合格率的平均值
安全	基建工程人身死亡人数	统计时段内基建事故引起的人身死亡人数之和
	基建工程人身重伤人数	统计时段内基建事故引起的人身重伤人数之和
	基建工程安全事故起数	统计时段内基建事故引起的一般及以上安全事故起数之和

4.2.2 电网基建支撑系统

传统基建设计主要依靠二维图纸，平面呈现不够直观，且项目管理流程烦琐，施工现场需要人员管控，使得基建业务面临着管理效率低、范围小、安全隐患大等问题。基于业务痛点，基建数字化转型主要围绕项目线上管理、现场人员安全管控、图纸在线绘制和数字移交、数据智能分析等方面开展。

电网基建的技术支持系统主要分为两类：①基建项目管理，侧重流程流转和审批，提供业务流程、标准库等业务规则；②基建专业管理，支撑设计、施工图纸的在线绘制和数字化移交，以及现场施工管理。

数字基建系统关系如图4-11所示。基建管理系统与其他业务域系统存在多方面协同，涉及人、财、物多维度管理。基建项目来自于投资计划，项目得到批复下达后需要通过供应链域进行工程、服务、物资采购，采购合同由合同管理系统进行管理。工程设计和设计评审通过设计平台进行，项目的现场施工依靠智慧工程管控系统辅助管控。项目施工结束后还需将施工图纸、设备台账等信息数字移交至设备中心和生产管理系统以便后续的运行维护管理。

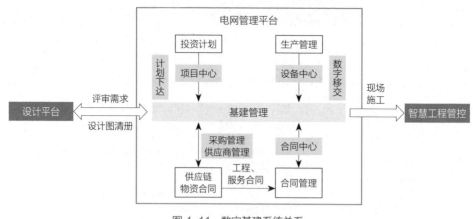

图 4-11　数字基建系统关系

1. 基建管理系统

基建业务管理主要由基建管理系统（电网管理平台）支撑，具备基建的流程和工单管理功能，包括主配基建、主配迁改、小型基建、抽水蓄能电源、业扩配套等项目的管理过程，共包含10个一级业务模块，如技术、采购、安全、质量、进度、造价和综合等应用功能，基建管理系统（电网管理平台）应用架构如图4-12所示，主要涉及基建项目的规划与前期管理、项目变更、竣工验收、工程结算等内容。系统应用范围覆盖了网/省/地/县层级，用户包括业主单位、设计单位、监理单位和施工单位。

图 4-12　基建管理系统（电网管理平台）应用架构

　　基建管理系统（电网管理平台）解决了基建数据流转不顺畅的痛点，优化了系统内部功能衔接与数据共享，支撑"只填一张表"业务，为基层单位减负，提升了基建业务的精益化管理水平。

2. 基建专业系统

（1）智慧工程管控系统。基建智慧工程管控系统用于支撑基建项目现场施工的质量、安全和进度等专业管理，提供现场作业信息，主要涉及日常施工管理、建设实施、质量管理、安全管理、停复工、进度管理等业务模块，基建工程管控系统功能示意如图4-13所示。

在基建工程施工管理过程中，必须把安全问题放在首要位置，施工的安全问题直接涉及现场人员的生命。传统的做法是在施工作业现场必须固定好围栏，悬挂警示牌。智慧工程管控系统采用定位系统、电子围栏、移动设备采集、无人机扫描等技术，实现人员车辆进出、施工现场安全、项目管控、关键指标和流程等方面实时监控，提高基建管理分析和协调管控能力，保障项目安全、高效开展，推动工程管理模式智慧化转变。该系统用户包括基建项目现场的业主单位、施工单位、设计单位以及监理单位。

（2）数字化设计平台。数字化设计平台主要为基建设计业务提供支撑，通过调用二、三维图模，支撑"一张图"构建以及设计成果的数字化移交。电网基建的设计工作主要由专业设计单位开展，所采用的设计软件主要是管理软件计算机辅助设计（management software computer aided design，CAD）、计算机辅助工程（customer application engineering，CAE）等商用软件，与电网内部业务系统无法直接集成，在跨系统数据传递、基建电子化移交等环节仍然需要大量人工转换工作。数字化设计平台通过将标准设计及典型方案抽象为标准图元库，实现项目设计的标准化，并通过创建覆盖项目全生命周期的管控机制，连接基建、物资等相关业务模块，协同项目评审、施工及设计等项目参与方，实现设计数据的高效流转。

4.2.3 数字基建展望和趋势

基建数字化主要围绕设计和现场施工两项业务开展，实现设计与典型造价标准化、建设管理过程和电网建设成果数字化，打造工程建设生态圈。

1. 设计与典型造价标准化

按实用性强、经济性高、可推广复制的设计理念，根据设备状态监测、电

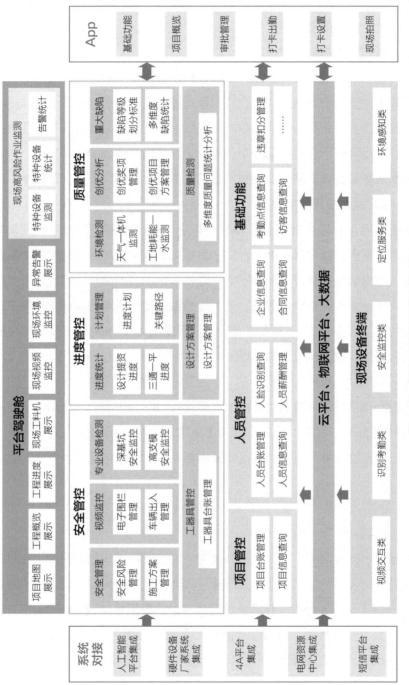

图 4-13 基建工程管控系统功能示意

气保护测控、视频监控、环境监控和安防监控等功能需求进行差异化配置，为数字变电站、数字配电站等工程建设提供标准和依据。

2. 建设管理过程数字化

以基建项目现场全过程管理为主线，构建全网统一智慧工程管控平台，实现基建业务数据融合贯通。构建智慧工程管控体系，实现基建安全、质量、进度、造价、技术、采购等业务表单、流程线上化，提升工程管控智能化水平。加强智慧工程管控平台实用化水平，通过工程建设全过程的实时监控、智能感知、数据采集和高效协同，支持施工现场安全管控，提高安全保障水平。

3. 电网建设成果数字化

基于电网工程数字化设计、移交等标准，推动电网工程数字化成果的移交、存储、管理和应用，提升工程数字化移交的效率和质量，增强数字资产交付能力。应用激光扫描技术、数字孪生等技术，围绕模型空间精度提升、模型颗粒度完善、生产设备台账关联、运行监测数据接入、图档和试验资料关联等方面，构建"静态+动态"鲜活的数字电网数据库，实现电网工程数字化资产交付，全面支撑数字孪生电网建设。

4. 打造工程建设生态圈

全面实现基建领域数字化转型，支撑建成国际领先的数字电网。纵向高效衔接设计、施工、监理、设备厂商等上下游参建方，横向与规划、物资、生产、运行、安监等业务实现数据高效复用与共享，形成电网建设数字产业。

4.2.4 数字基建典型应用场景

1. 物料安装"一码扫"

射频识别技术的推广应用使得基建现场设备数据录入更为便捷。在设备安装调试时，结合实物编码，施工人员通过移动端现场扫码安装设备，实现自动从设备中心导入设备台账、技术参数等信息，并根据移动设备GPS定位自动填充安装地址、安装日期、经纬度等信息，实现设备技术参数的"扫码填写"，提高设备数据录入的准确性和及时性。物料安装"一码扫"如图4-14所示。例如，广东电网广州局对超一万台配电网设备铭牌信息刻录二维码，通过实物

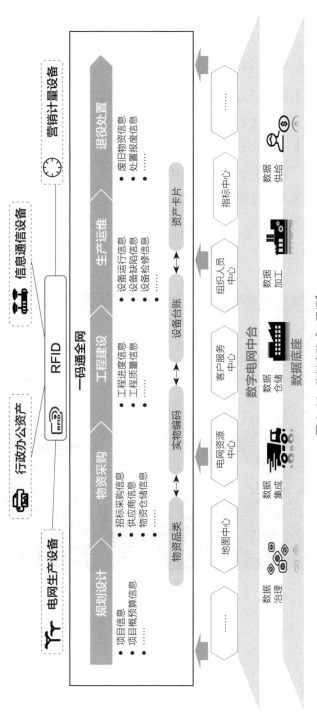

图 4-14 物料安装 "一码扫"

编码进行电子化移交建档，减少台账信息重复录入，录入时间从2天降低到10余秒，实现了生产流程优化和生产效率提升。

2. 工程现场"全景看"

通过在基建工程现场全面部署智能摄像头、智能门禁、电子围栏、环境监测装置等感知终端，依托物联网平台、智能网关，解决工程现场感知终端的数据接入与应用，实现基建现场的远程监控和指挥。广东电网汕头供电局500kV澄海变电站以及"西电东送"工程中通道、南通道试点应用基建工程数字化管控系统，实现现场人员管理、车辆管理、安全告警、质量问题告警、环境监测等功能，打造全过程感知、智能预警、精准定位、实时取证的数字化智慧工程现场感知体系。工程现场"全景看"如图4-15所示。

图 4-15 工程现场"全景看"

5

调度
数字化转型

5.1 调度业务概述

5.1.1 调度基础概念

电力调度是为了保证电网安全稳定运行、对外可靠供电、各类电力生产工作有序进行而采用的一种有效的管理手段，是电力系统运行的"中枢"。电力调度机构对发电、输电、变电、配电、用电等环节进行统一组织、指挥、指导和协调。

1. 电力调度的工作目标

（1）尽设备最大能力满足负荷的需要。在现有装机容量下，合理安排检修和备用，合理下达水、火电计划，实现电力供需平衡。

（2）使整个电网安全可靠运行和连续供电。监视系统运行状态和设备运行参数，对可能导致事故发生的异常情况及时处置；发生事故时快速检测和有效隔离，安排事故恢复处理等。

（3）保证良好的电能质量。统一指挥系统各发、供、用电单位的协同运行，确保实际运行中，系统电压、频率等关键指标在不同运行状态下符合国家和行业标准（例如正常状态下频率偏差不得超过 ± 0.2Hz，500kV电压差不超过10%）。

（4）经济合理利用能源。合理利用调管区域一次能源资源，充分发挥系统内的发、输、供电设备能力，使系统在最经济方式下运行，以达到低耗多供的目的，使供电成本降到最低。

2. 调度原则、范围和机构

（1）调度工作原则。我国电力系统调度的基本原则是统一调度、分级管理。统一调度、分级管理是一个有机的整体。统一调度要有效率，任何一级调度机构都不能包揽一切，必须通过分级管理具体实施；分级管理实行在最高一级调度机构统一调度下的各级调度机构的分级负责制。

统一调度是指一个电力系统内所有发供电单位都要严格按规定，在调度的统一指挥下进行生产，以形成协调的纽带，尤其在事故状态下，是否统一调度直接关系到系统的恢复和减灾的效果。分级管理是指合理界定各级调度职责，恰当分解调度任务，形成不同层级的调度机构。

（2）调度范围。调度对象包括调度区域内的发电、输电、变电、配电、用电等一次设备，以及为保障运行的继电保护、安全自动装置、电力通信、调度自动化、网络安全等二次设备共同构成的统一整体。

（3）调度机构。我国调度机构按照统一调度、分级管理的原则设置，从上至下分为五级调度。

1）一级电力调度机构：指国家电网最高电力调度机构（简称国调），通过计算机通信与各大区调度中心相连接，协调确定各大区之间的联络线潮流和运行方式，监视、统计和分析全国电网的运行情况。

2）二级电力调度机构：指跨省的区域电力调度控制中心（简称网调），其中，国家电网网调是国调区域分部，分别为华北、东北、华中、华东、西南和西北网调，南方电网网调（即南网总调）是南方电网最高电力调度机构。一般负责跨省（区）间联络以及对省（区）间送受电能力有较大影响的500kV及以上发电厂及输变电设备，以及110kV及以上对外联网或送受电相关设备、主力发电厂。

3）三级电力调度机构：指省级电力调度控制中心（简称中调、省调），一般负责本省（区）内500kV及以上、220kV发电厂及输变电设备。

4）四级电力调度机构：指地、市级电力调度控制中心（简称地调），一般负责市属辖区内110kV及以下发电厂、输变电设备、配电网络和用电设备。

5）五级电力调度机构：指县、区级电力调度控制中心（简称县调、配调），一般负责县属辖区内35kV及以下配电网络和用电设备。近年来，随着技术进步推动电力调度业务管理水平提升，各电网公司相继启动配电网集约化工作，将县级管辖35kV及以上厂站逐步接入地调管理。

5.1.2 调度基本业务

1. 运行方式管理

运行方式是为落实系统运行目标而制订的运行方案和运行计划，由电力调度机构牵头编制，计划、基建、营销、生产等部门参与。其主要工作内容如下：

（1）根据负荷预测，综合评估电源出力能力、气候气象等信息，评估未来一段时期电力电量盈亏，制订电力电量平衡措施和发电计划。

（2）根据发电计划，结合潮流计算等工具，预测系统运行断面的电压、频率、负载等主要指标，评估安全风险，针对薄弱环节提出应对措施。

（3）结合发电机组并网、输变电设备工程投/退运、停电检修、二次设备定值调整等工作安排，制订运行期间作业停电和作业计划。

（4）开展运行方式校核，从基础方式、短路电流、潮流、暂态稳态、断面等方面进行分析，确保运行方式安全可行。

（5）分解执行。运行方式在时间跨度上可划分为年度方式、月度方式、周方式、日方式及迎峰度夏方案、保供电方案等，按分级原则可划分为网级运行方式、省（区）电网运行方式、地（市、州）电网运行方式。

2. 运行控制管理

（1）运行控制的内容。①按计划指挥作业。根据运行方式安排的作业计划，通过调度指挥组织作业有序实施。根据发电计划，组织各发电厂机组有序实施。②监视系统运行。根据实时采集的电压、电流、频率等电气量数据和温度、位置等状态量数据，及时掌握系统运行工况和设备运行状态。③对系统运行异常进行处置。针对负荷波动的情况，组织调整发电机组出力，保持系统发供电平衡；针对设备告警、线路过载、频率和电压越限等安全风险，评估风险影响，通过远程控制或调度指挥等方式，积极消除安全隐患；对已出现的事故问题，迅速限制故障范围及事故发展，尽可能保持系统稳定运行，同时调整系统运行方式，尽快恢复电网正常运行及电力供应。

（2）系统运行中各机构职责。如表5-1所示，系统运行期间，由电力调度统一调度指挥的机构主要包括调度运行值班机构和生产运行机构。

1）调度运行值班机构：各级运行单位设置的调度值班机构。

2）生产运行机构：调度区域内各发电厂（含远程集控中心）、变电站（含远程集控中心）、输电线路、配电网、大用户配电系统等的运行值班单位和设备巡维单位。

表5-1　调度运行期间各机构职责

运行期间主要工作	调度运行机构	生产运行机构
调度指挥	按照系统运行计划或实际运行情况，行使调度指挥权	接受调度指令，执行具体并网、停电检修、试验、投/退运等任务
监视	根据调度自动化系统，对系统运行情况进行集中监视	管辖区域设备集中监视或现场监视，及时向调度机构报送监视情况
控制	针对系统运行异常情况，评估影响并制订处置措施，采取远程控制或通过调度指挥组织实施控制	接受调度令，执行具体任务

3. 二次设备的专业管理

二次设备是管理电力系统一次设备的工具，对二次设备的专业管理是电力调度业务中的重要内容，一、二次设备功能说明见表5-2。

表5-2　一、二次设备功能说明

设备类型	作用	类别	典型设备
一次设备	直接生产、输送和分配电能的高压电气设备	变换类	变压器
		控制类	断路器（开关）、隔离开关（刀闸）
		保护类	熔断器、避雷器等
		补偿类	并联电容器
		成套类	高低压开关柜、低压配电屏
		线路类	母线、电缆、架空线路
二次设备	对一次设备的连续控制、调节、保护和监测	保护类	继电保护装置、安全自动装置
		测量类	量测终端
		控制类	远动终端
		通信类	光端机
		安全类	防火墙

二次设备可细分为保护、安全自动、电力通信、调度自动化、网络安全等类型。按对一次设备的作用区分，可划分为以下三类：

（1）保护一次设备运行。按保护对象不同，可分为对单个设备的继电保护装置和对多个设备的安全自动保护装置。继电保护装置：能及时对一次设备运行异常发出预警信号，能自动将故障元件从电力系统中切除。电力运行对保护系统有强制性要求，运行的一次设备必须有配套保护系统，不允许处于无保护状态下运行。安全自动装置：能防止电力系统稳定破坏、防止电力系统事故扩大、防止电网崩溃及大面积停电，能及时恢复电力系统正常运行。管理要点：通过设置定值，预设保护类设备启动时的触发条件。在电力系统运行中，需要结合运行实际设置合理定值，确保保护类设备能正确动作，避免误动或拒动。

（2）监控一次设备运行。调度自动化系统：能通过遥信、遥测、遥控、遥调、遥视等方式，对电力系统进行测量、监视、控制、分析、运行管理，由负责测量和控制的自动化装置、负责处理和分析的计算机系统及配套通信系统组成。管理要点：调度自动化系统作为电力调度管理和控制电力系统的载体，不能发生因系统错误导致的安全事故，也不能发生因系统失灵导致电力系统失控的事故，在可靠性、安全性、可用性等方面有严格的技术要求。

（3）保障二次设备运行。通信设施：为电力系统运行提供电力通信专网和公网通信资源。管理要点：通信设施需要提供高速、稳定的双向传输能力，采用双平面冗余调度数据网实现双通道在线传输。网络安全设施：能防御针对电力系统的黑客入侵、旁路控制、拦截篡改、拒绝服务攻击等安全威胁。管理要点：可将电力系统划分为生产控制大区和管理信息大区。其中生产控制大区分为控制区（Ⅰ区）和非控制区（Ⅱ区），管理信息大区分为生产管理区（Ⅲ区）和管理信息区（Ⅳ区），各区之间设置不同等级安全装置。

4. 运行风险管理

电网运行安全风险管理贯彻"安全第一、预防为主"的方针和"统一管理、分级负责"的原则。电力调度机构负责组织所辖电网的系统运行安全风险管理，有关单位和部门按要求参与风险辨识和落实风险控制措施。

电网运行安全风险管理包括风险的辨识、评估、预警、控制、回顾等环节，通过实施风险的超前控制与闭环管理，降低风险发生概率与后果影响。

5.1.3　调度业务特点

1. 关联度高

电力调度需要结合电源出力、负荷需求、气候变化、系统运行安全和电力市场交易等要求，对发电、输电、变电、配电、用电各环节进行调度指挥，生产关联度与协同要求极高，复杂度也非常高，需要通过严格的调度纪律保证系统运行统一、协调、有序。

2. 容错率低

电力工业是国民经济发展的基础性工业，影响面广、责任重大，并直接关系到人民生命与财产安全。作为电力系统安全、稳定、经济运行的指挥中枢，电力调度严格要求业务规范化、流程标准化、技术可靠，在极端气候条件与环境下仍然追求尽可能低的容错率。

3. 实时性强

电能输送与电网运行的特点决定了电力生产、传输、使用物理过程短暂，而现代电力系统往往是跨越千里、分层分级的庞大系统，各节点负荷呈现不同程度的随机波动性，为此需要实时的电力调度管理能力来响应负荷需求变化，达到源荷供需瞬时平衡以及系统安全、可靠、优质、经济和低碳等方面的运行要求。

4. 公平公正

电力调度需要按照公平、合理和协商原则，保证发电、供电、用电等各有关方面的合法权益。

5.1.4　关键评价指标

调度业务关键评价指标见表5-3。

表5-3　调度业务关键评价指标

业务	指标名称	指标说明
自动化	主站AGC可用率	统计网省范围内主站AGC可用情况
	主站系统可用率	反映各调度自动化主站系统功能的可用情况
	远动系统可用率	评价远动系统正常运行率，包括装置故障、各类检修、通道故障、电源故障、主站接口故障或其他原因导致的远动系统失效
	主站AVC可用率	统计网省地范围内主站AVC可用情况
	配网自动化实用化率	评价配网自动化实用化程度
网络安全	电力监控系统网络安全合规率	统计期内责任单位电力监控系统（模块）满足网络安全检查测评要求的数量与需检查测评的系统（模块）总数之比，反映责任单位电力监控系统网络安全合规情况
	电力监控系统网络安全事故事件数	按照《中国南方电网有限责任公司电力事故事件调查规程》（Q/CSG 210020—2014）规定，统计经认定符合规程所列事件或事故
通信	生产实时控制业务通信通道平均中断时间	统计范围内220kV及以上生产实时控制业务通信通道的中断时间之和除以生产实时控制业务通信通道总条数
	通信覆盖率	反映各主要通信子系统覆盖情况
继电保护	保护正确动作率	继电保护装置正确动作次数与继电保护装置动作总次数的百分比
	故障快速切除率	故障快速切除次数与应评价故障快速切除次数的百分比。故障快速切除指220kV及以上交流系统一次设备发生的故障，在满足系统稳定要求的时间内有效隔离或切除。系统稳定要求的时间一般按220kV系统0.12s内切除故障，500kV系统0.1s内切除故障考虑
运行方式	主变压器平均负载率	电网各主变压器平均视在功率（取中压侧）与额定容量的比值
	主设备按期并网率	反映主设备并网计划的完成情况
	主设备检修计划完成率	实际完成的计划内检修数量与计划检修总数与计划外检修总数之和之比
	单位发售电量化石能耗	产生1kWh电能平均耗用的标准煤量
	安全自动装置正确动作率	投入电网运行的安全自动装置正确动作次数与安全自动装置动作总次数之比，反映安全自动装置的动作行为符合预定功能和动作要求的综合性指标
运行控制	系统频率合格率	统计期内监测点（500、220kV）电压在合格范围内的时间总和与月电压监测总时间的百分比，用于反映全网及各单位电压运行控制水平。有电网电压合格率、单一监测点电压合格率。单一监测点电压合格率应按不同电压等级分别统计
	调度电话用户可用率	统计调度电话用户可用率情况，对调度电话用户可用情况进行量化评价
	错峰电力	因电力供应不足、网络受限等原因，用户按照供电企业安排而减少用电的电力值
	错峰电量	因电力供应不足、网络受限等原因，用户按照供电企业安排而减少用电的电量值

5.2 调度业务发展历程

电力系统已发展成世界上最大的人造物理系统，且规模和复杂度仍在不断提高。同时，外部环境的不断变化对电力系统的运行控制也不断提出新的挑战。作为保障电网安全、可靠、经济运行的"神经中枢"，电网调度自动化系统的发展总是与一次电力系统的运行、管理需求相适应，伴随着信息技术的发展而不断升级和更新换代。调度自动化系统从最初的数据采集与监控系统（supervisory control and data acquisition，SCADA）到后来的能量管理系统（energy management system，EMS），经历了一个从简单到复杂，从功能单一到标准化、集成化的过程，实现了从传统的自动化逐步向数字化、智能化转型。

我国调度自动化系统发展历程从20世纪50年代至今，大致可划分为3个阶段，如图5-1所示。

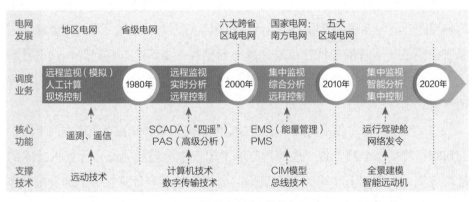

图 5-1　我国调度自动化系统发展历程

5.2.1 起步阶段（20世纪50—80年代）：远动技术的应用

（1）管理特征。新中国成立初期，孤立发电厂逐步并入电网运行，电网建设也快速发展，由城市或工矿区电网逐步向外延伸，形成跨地区电网。20世纪60—70年代后，地区电网逐步发展成为一省统一电网或跨省电网。电力调度机构伴随电网的发展应运而生，但限于当时技术水平，调度员只能了解和监视少量电厂、线路的运行情况，无法对发电和输变电设备进行控制。

（2）技术特征。1950年，我国开始自行研制并推广远动系统。早期远动设备不涉及软件，核心硬件是晶体管以及中小规模集成电路芯片，其设计理念是面向单一的电厂或变电站，厂站端与调度端的接收设备均为一对一方式联系。大部分远动设备只完成遥测与遥信功能，仅少部分兼具遥控、遥调功能。远动技术使电力系统的实时信息直接进入调度机构，调度员可以及时掌握系统的运行状态，为调度计划和运行控制提供科学依据，减少调度指挥的盲目性和失误。远动技术为调度自动化系统的发展奠定了坚实基础。

5.2.2 快速发展阶段（20世纪80年代—21世纪初）：计算机技术的应用

（1）管理特征。改革开放后的20年间，中国工业化加速进行，输变电设备的生产和制造能力大幅增加，加大了跨区、跨省的电力输送能力，逐步形成了六大区域电网，电力调度的范围也从最初的地区性调度逐步发展至省级，甚至跨省调度。电力系统的发展，使电网结构和运行方式越来越复杂，而能源供应紧张使得系统运行的经济性也越来越得到重视，要解决这些问题，就需要调度人员快速完成大量数据计算，才能实现对电力系统运行的精确判断和精准预测。

（2）技术特征。我国的第一个电力监控系统于1970年在京津唐电网上线，到1980年我国25个网、省、地调均部署了国产电力监控系统。计算机技术的推广应用，大大提升了电力调度数据的分析、处理和计算能力。20世纪90年代，中国电科院等单位研发出我国第一代调度自动化系统，包括CC 2000、SD 6000、open 2000、RD 800等产品，系统功能也从传统的"四遥"，逐步发展到SCADA、AGC、故障告警、历史数据服务、PAS、调度员培训系统（dispatcher training system，DTS）等多种重要功能，不仅能掌握电力系统实际运行状态，而且能预测和分析各种事故提交下的电网运行趋势，有效支撑了电力调度业务实时复杂的计算要求。

5.2.3　集成化阶段（2000—2020年）：构建集成化系统

（1）管理特征。随着全国电力工业发展水平的提高，跨省跨区域送电稳步增长，电力系统联网规模越来越大，大电网对于缓解电力供应紧张和促进更大范围资源优化配置起到了重要作用。但是，大电网也带来了远距离、大容量、特高压、交直流混合等运行特性，电力系统安全稳定运行面临严峻挑战。如何整合各级调度的调度自动化系统资源，通过数据层面的融合贯通强化电力调度集约管理，提升复杂系统的统一调度能力和分级管理效率，成为电力调度自动化系统亟待破解的难题。

（2）技术特征。第二代国产调度自动化系统陆续出现，这些产品基于消息总线技术，初步实现了各级分散系统的连接，但缺乏统一的技术标准，造成各系统开放性不足。2010年起，国家电网公司和南方电网公司分别开启SOA组件的新一代调度自动化系统的建设工作，统一规范技术标准和功能规划，有效解决了功能分散、数量繁杂、数据孤岛等问题。同时期，依托调度自动化系统强大的数据集中处理和信息可靠传递能力，电网企业成功实施调控一体化，将原有分散在变电站、监控中心的设备集中监视和控制职能集约至调度机构，完成调度中心向调控中心的转变，在控制安全风险、提高操作效率、减少运行人员、降低运行成本等方面取得了显著效益。

5.3　数字调度支撑系统

调度业务的支撑系统分为调度自动化系统和管理信息系统两大类，其中调度自动化系统的作用是综合协调全系统各层次、各局部系统和各设备的运行，调度管理信息系统的作用是综合协调调度及生产的业务协同。本书重点介绍调度自动化系统，调度自动化系统是电力调度工作最核心的技术支撑工具。电力调度人员通过调度自动化系统，实现对电力系统物理信息的萃取、提炼和识别，具备对实时运行的电力系统感知、预测和控制能力。

5.3.1 调度自动化系统架构

调度自动化系统是提高电力调度管理水平，确保系统安全稳定运行的重要手段，是调度人员运行管理的"千里眼"和"大脑"，分为主站系统、通信系统、厂站系统三部分，一般包括安装在发电厂、变电站的数据量测和控制装置，以及安装在各级调度机构的主站设备，通过通信介质或数据传输网络构成系统。调度自动化系统组成如图5-2所示。

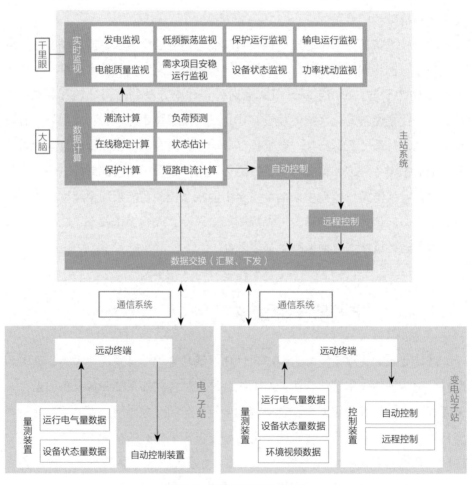

图 5-2　调度自动化系统组成

1. 主站系统

主站系统是调度人员使用调度自动化系统的抓手，在系统中发挥核心作用。主站系统通过对数据的汇聚、处理、计算、下发，支撑调度运行人员开展系统运行监视、运行状态评估、远程控制调节等工作。

2. 通信系统

通信系统连接主站系统和厂站系统，是提供双向数据传输的桥梁。通信系统的"下情上报"和"上情下达"，支撑调度运行人员远程管理电力系统。

3. 厂站系统

厂站系统安装于各发电厂及变电站节点处，分散各处的厂站系统，通过通信系统纳入主站系统集中、统一管理，支撑调度人员实时获得遥测和遥信信息，执行遥控和遥调命令。

5.3.2 调度自动化系统主要功能

1. 采集和监控类

（1）SCADA。调度自动化系统的基础功能，可以对现场的运行设备进行监视和控制，以实现数据采集、设备控制、测量、参数调节以及各类信号报警等各项功能，即"四遥"功能。

（2）AGC。通过控制调度区域内发电机组的有功功率，使本区域机组发电出力跟踪负荷的变化，以满足电力供需的实时平衡。

（3）AVC。在确保安全稳定运行的前提下，对无功电压设备进行在线优化闭环控制，保证电网电压质量合格，实现无功分层分区平衡，降低网损。

（4）程序化控制。通过操作票系统获取程序化控制信息，经电网运行控制系统（operation control system，OCS）下发相应的命令，由操作对象或控制对象完成具体操作。系统支持开始、终止、暂停、继续等进度控制，并提供操作的全过程记录。

2. 监视预警类

（1）关键绩效指标（key performance indicator，KPI）监视预警。通过监视表征电网运行状态的多维KPI，全面感知电网运行状态，快速预警和定位运行异常。KPI监视预警基于同一套可定制的KPI体系，在时间轴上划分为预驾驶、实时驾驶和驾驶回放功能，分别提供电网运行事前、事中与事后运行监视和分析功能。

（2）智能告警。从海量告警信息中为运行人员提炼出关键信息和概要性智能告警信息，从而减少人工分析告警信息的出错概率，缩短分析时间。

3. 在线计算类

（1）状态估计（state estimation，SE）。可根据SCADA实时遥信、遥测数据进行分析计算，得到相对准确并且完整的运行方式和潮流状态，同时对SCADA遥信、遥测进行校验，提出可能不正常的遥测点。状态估计的计算结果可以被其他应用软件作为实时方式使用，对电网做进一步的分析。

（2）电压无功优化（voltage and var optimal control，VVOC）。重要的网络分析和系统优化工具，它通过调整系统中的可调节同步发电机、调相机的无功出力（或其端点电压），调整有载调压变压器的分接头挡位，操作可投切的并联电容器、电抗器组，在一定的约束条件下，达到某种优化目的。

（3）在线灵敏度分析。主要是根据电网的实际结构和实时运行方式进行灵敏度计算，为运行人员提供灵敏度计算结果。

（4）调度员潮流（dispatcher power flow，DPF）。可在状态估计分析的基础上，根据实时、预测和历史的母线模型和各母线注入功率，计算出各母线电压和相角值。DPF的计算结果可以被其他应用软件作为实时方式使用，对电网做进一步的分析。

4. 分析预测类

（1）最优潮流（optimal power flow，OPF）。基础计算服务功能模块，以设定的初始断面为基础，通过调整发电机出力、调节主变压器挡位、投切电容器等调节方式，使得电网的相关指标，如网损或发电费用得到优化，达到节约发电能源及减少运行成本的目的。

（2）负荷预测。根据SCADA实时负荷数据及负荷历史数据进行预测，具有负荷历史数据获取、区短期负荷预测、母线负荷预测、影响因素修正、方式修正、计划修正、预测准确率统计、预测结果发布等功能，应用于短期负荷预测、母线负荷预测、大型工矿企业的用电负荷预测等领域。

（3）在线静态安全分析。按使用人员的需要方便设定选择故障类型，或者根据调度员要求自定义各种故障组合，快速判断各种故障对电力系统产生的危害，准确给出故障后的系统运行方式，并直观准确显示各种故障结果，将危害程度大的故障及时提示给调度人员。

（4）计划校核。采用实时调度系统的电网模型和量测数据，获取未来时刻的发电计划、联络线计划、检修计划和负荷预测的数据，将这些数据融合到未来的方式断面中，为校核计划提供数据基础，可形成未来一天96点的未来方式断面，供其他应用分析使用。

（5）短路电流计算。对电网各种短路故障的模拟和计算，给出故障后的故障电流和电压分布，主要用于模拟、研究各种故障条件下的电力系统行为。

5. 仿真和培训类

（1）调度员培训系统（dispatcher training system，DTS）。能够为调度员提供一个综合的电力系统仿真工具进行培训、考核和反事故演习，以提高电网调度和管理人员的专业水平和工作技能。除此以外还可作为电网运行、支持、决策人员的分析研究工具。

（2）镜像仿真测试。能够模拟电力系统正常、紧急、故障等各种运行状态及事故恢复过程，使学员能在高度逼真的调度环境中进行正常操作、事故处理及系统恢复的培训，在熟悉各种操作的同时，沉浸式地体验系统的变化情况。

5.3.3 南方电网一体化电网运行智能系统

为有效解决原来自动化系统功能分散、数量繁杂、数据孤岛等问题，2010年起，南方电网公司开启基于SOA组件的新一代调度自动化系统建设工作，提出一体化电网运行智能系统（operation smart system，OS2）技术体系，统一规范电网二次系统技术标准和功能规划，大大提升了电网调度集约化管理能力。

OS2采用一体化设计、分布式部署的理念，通过运行服务总线（operation service bus，OSB）纵向打通各层级站端，横向打通内部管理系统；通过智能远动机整合传统监控、保护信息系统、在线监测等各类业务的远传设备，在主站和厂站建立智能交互平台，实现主站与厂站之间的互通。

OS2采用"平台+服务"的体系结构，规划了一个基础资源平台和运行驾驶舱、运行控制系统、运行管理系统、镜像系统四大业务系统。一体化电网运行智能系统体系机构如图5-3所示。基础资源平台（basic resource platform，BRP）是OS2的基础软件、硬件、数据库、平台服务、数据服务、安全防护的集合，统一配置各级系统的ICT基础设施、统一数据模型和服务接口标准，为各类应用的数据管理、信息传输与交换、公共服务、安全管理、资源管理、模型管理、人机交互等提供通用的技术支撑。

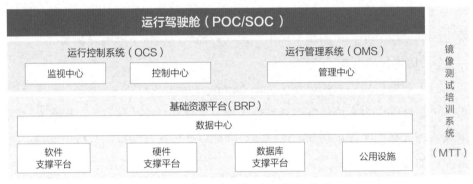

图 5-3　一体化电网运行智能系统体系机构

1. 运行控制系统

OCS将能量管理系统EMS、节能发电调度等多个运行系统进行功能整合，基于实时采集数据的在线计算，监视电网实际运行中的各个状态及所处环境，提供智能告警和在线预警服务；对相关设备或行为进行操作，同时支持对具备条件的设备进行远程调节。

2. 运行管理系统

运行管理系统（operation management system，OMS）通过调度、规划、生产和营销的业务流程协作，融合自动化系统实时运行数据和生产系统设备台账、工单/作业数据，实现调度业务申请审批、执行、日志记录一体化信息流转，提升调度运行管理水平。

3. 电网运行驾驶舱

电网运行驾驶舱（power grid operation cockpit，POC）是智能电网调度控制系统的综合应用，通过汇集各类运行信息，调用相关计算分析应用服务，有效整合原本分散在各系统的监视、操作以及控制等功能，实现运行管理业务的统一入口和集中操控，为运行人员驾驭电网提供综合、直观、闭环的友好环境。

4. 镜像测试培训系统

依托OS2强大的数据供给能力，快速搭建各类指定场景，例如在实时态（实时运行场景）可实现跨安全区的计算分析和动态监视，在培训态（指培训、模拟等场景）可提供全景CASE模拟实操训练，在研究态（未来或特定场景）可基于现实模型研究未来模型，也可搭建特定场景进行仿真研究。

5.4 数字调度展望与趋势

1. 当前面临的挑战

传统电力系统采取的调度运行模式是"源随荷动"，用一个精准可控的发电系统，去匹配一个基本可测的用电系统，并在实际运行过程中滚动调节，可以实现电力系统安全可靠运行。而随着新能源占比逐渐提高，将从根本上改变这一模式，无论是发电侧还是用户侧都变得不可控。影响电力系统安全稳定运行的不确定性因素增加，电力调度运行迎来巨大挑战。

（1）电力供需形势复杂严峻，亟待提升感知预测能力。从需求侧看，在新冠肺炎疫情影响下，我国经济发展面临需求收缩、供给冲击、预期转弱三重压力，各地能耗双控实施计划尚未明确，用电需求存在较大不确定性。从供给侧看，能源危机导致燃料供给存在变数，中长期来水不确定性大，而随着大规模新能源接入电网后，发电资源将从可控连续调节电源为主，变为随机波动不可控电源为主。

（2）新型电力系统建设迫在眉睫，亟待提升分析控制能力。现有技术手段不能充分满足新能源功率预测与控制、可控负荷与新能源互动等需要。一是电网网架正在快速变化，发电侧呈现绿色化、分散化、负荷中心支撑电源空心化，源荷之间不平衡、不确定性进一步加剧。二是负荷向多元化发展，虚拟电厂、电动汽车、储能、可中断负荷等具备高互动性、高可控性，规模化后将对电网运行产生深刻影响。

（3）海量数据未被有效处理，亟待优化调度系统技术架构。随着电力系统感知能力的持续发展，越来越多的数据被采集、传输和存储，传统的数据处理方式已经无法适应如此大规模数据的解析和组织工作，导致大量数据无法被有效利用，无法为分析和预测提供支持。

2. 未来提升方向

新型电力系统需要适应大规模高比例新能源接入、源网荷储深度融合、电力市场高效配置、满足灵活智能用电需求，业务模式与形态创新将更加多元，供需平衡和系统运行状况更加复杂，需要依托数字技术的集约、协同和创新特性，打通新型电力系统源网荷储各环节，构建适应新型电力系统调度运行新业态，解决现有系统感知、分析和控制能力不足问题，实现对新能源可观、可测、可控，全面满足大规模新能源和需求侧响应的调控和监控需求。

（1）提升算力规模，强化海量数据处理能力。广泛的数据采集和处理，是驾驭电力巨系统的关键基础。以风电、光伏发电等为代表的新能源发电单体规模小、地理分布分散，高比例接入电力系统后，电力系统中调控设备将达千万台级，网络拓扑和状态变量的规模和维数将急剧增加，实时处理的数据量将呈现爆炸式增长。基于此，需要依托云计算技术，构建基于云的调度运行平台，形成规模化中心算力，提供弹性按需、安全可靠、性能优良的IT基础设施服务，强化调度自动化系统的可靠响应能力，满足新型电力系统下超大规模数据采集存储和分析计算需求，实现对系统运行状态的实时掌握。

（2）运用智能算法，强化"随机"模式下的计算能力。准确的分析计算是电力系统调度指挥和决策的重要手段。以风、光等为代表的新能源具有随机性、波动性和间歇性特性，电力系统基于"源随荷动"的平衡方式将向"源荷互动"的随机模式转变，稳定特征和动态性能都将发生重大变化。基于此，需要充分发挥人工智能及大数据技术在预测、辨识、交互等方面的优势，提升电网自动控制、智能分析、自主决策、协同优化应用的水平，强化调度自动化系统精确计算能力，满足"源荷互动"下复杂随机系统运行推演和预测精度，实现对系统运行规律的准确预判。

（3）优化决策体系，强化灵活控制能力。灵活高效的决策体系，是电力系统精准控制的主要措施。分布式新能源、电动汽车、微电网、虚拟电厂等新型主体涌入电力系统，电力系统业务模式更加多元、动态行为更加复杂。基于此，需要引入边缘计算技术，将云计算、云分析扩展到边缘端，构建"云大脑+边缘节点"两级协同运作新业态，强化调度自动化系统决策控制能力，满足中低压配电网、微电网的自治式分布式调度，实现新型多元主体的高效管理。

5.5 数字调度典型应用场景

1. 全景监视

调度自动化系统基于运行数据的采集、计算、分析和展示，为调度运行提供全景监视，是支撑电网运行控制、异常处置和调度指挥的重要技术手段，直接关系电力系统的安全稳定运行。

随着新能源设备接入快速增长，电网规模和监视范围不断扩大，传统基于IOE系统架构的调度自动化系统，暴露出平台扩展能力低、实时库性能瓶颈、总线技术壁垒等结构性问题，造成数据精度下降、系统响应缓慢，影响全景监视的准确性。自2019年以来，南方电网公司基于云计算技术，构建了全网调度IT资源统一管控、自动部署和资源共享的调度智能云平台，实现全系统数据、计算、应用资源的分发和管理，为调度运行各类应用提供安全可靠、性能优良的IT资源及数据平台支撑，大幅提升海量实时数据处理、系统功能灵活扩展和快速迭代能力。

依托云平台强大计算处理能力，南方电网公司已实现对电能量、环境、设备状态等多类别的实时数据采集，实现全网10kV及以上电压等级电网容量、实时出力和各类备用等基础实时运行数据的全面可观（总计接入厂站8256座，其中仿真厂站501座、35kV及以上厂站7755座），实时数据点超过200万，系统处理的数据点达到了每秒6万以上，云化SCADA验证系统如图5-4所示。

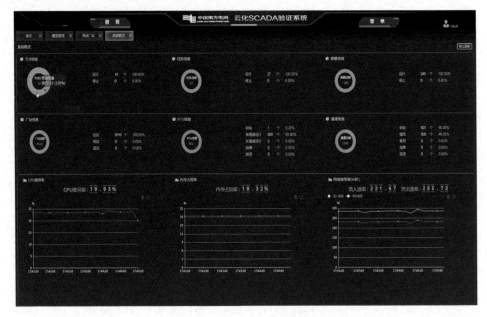

图5-4　云化 SCADA 验证系统

2. 负荷预测

负荷预测是电力系统运行的基础性工作，直接关系到电力调度运行计划和备用机组安排，预测的准确率直接影响系统运行的安全和经济性水平。近年来，由于经济发展方式转变，产业结构调整，新型负荷涌现，用电负荷结构及规律不断发生改变，负荷预测的难度越来越大。传统的负荷预测主要通过人工计算和基础数学算法对历史数据进行分析预测，耗时长、效率低，预测准确率有待提高。

自2019年起，南方电网公司以提高负荷预测准确率为目标，开展负荷管理提升工作，从改进数据来源、优化预测模型等方面入手，开展人工智能负荷预测工作。在数据层面，汇集电网运行数据（电网OCS、OMS等）、营销计量数据、气象数据，以及采购宏观经济GDP等数据，利用数据辨识和修正技术剔除异常数据，形成负荷预测的基础样本数据库。利用数据关联分析和深度挖掘技术挖掘及构造负荷预测特征，利用机器学习及深度学习算法构建适用于系统负荷、母线负荷的全拓扑对象，覆盖中长期、短期、全周期等具备自主学习和偏差自校正机制的预测模型算法库，同时，针对台风等极端天气和节假日建立专门预测模型，负荷预测模型算法库如图5-5所示。

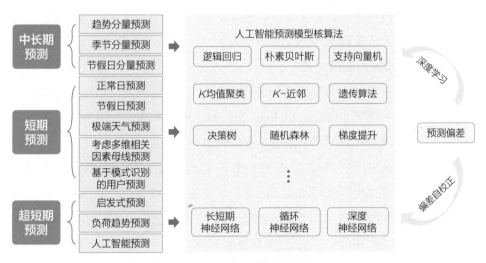

图 5-5　负荷预测模型算法库

人工智能负荷预测系统于2020年3月投入运行，经过2020年3月至2021年7月连续17个月的统计，人工智能预测准确率达98.28%，较人工高0.58%。2022年人工智能负荷预测已基本替代人工，正式用于运行方式日计划编制。

3. 运行操作防误

电力调度机构指挥各生产运行单位进行现场作业，是电力系统日常运行的重要内容，通过编制操作票、校核工作票、批准工作票，实现对调度指挥命令的准确传达。随着电网规模不断扩大，系统运行方式多样、特性复杂，传统的依靠人工开展的工作票管理，不仅工作效率低，而且要同步考虑操作流程和安全风险，在工作时效性上已形成较大制约。

针对此现状，利用人工智能等技术对电网调度操作业务系统进行智能化升级，实现办票、校核环节的智能防误校验。结合调度业务工作，采用自然语言处理等技术进行文档拆解，从调度规程、应急预案、操作手册中提炼生成222条语义图谱，与电网物理模型和运行数据融合，形成调度业务知识图谱，提供条件类、逻辑类及规范性防误校验，实现对调度指挥操作的全面安全约束，智能防误技术路线图如图5-6所示。

南方电网公司2020年上线的调度指挥系统，实现了基于知识图谱的智能防误，对调度指挥行为进行智能校验，验证了系统模型与语义规范图谱融合的智能"认知"的业务逻辑推理。

4. 电力调度AI应用大赛

为加快构建新型电力系统，服务"双碳"，南方电网公司已连续举办四届电力调度人工智能（artificial intelligence，AI）应用大赛，为提升新型电力系统的安全运行水平和新能源消纳能力探索新思路、新路径。

电力调度AI应用大赛，是电力行业内影响力最大、应用性最强的AI大赛。大赛基于南方电网公司调度云超算平台，为国内高校、科研机构、电力系统厂商、互联网公司等参赛队伍提供统一的计算、数据、AI算法资源。历届AI大赛分别围绕"基于AI算法的负荷预测方案""基于AI算法实现地区220kV厂站母线负荷预测""基于AI算法实现典型风电及光伏片区新能源场站短期功率预测""基于人工智能的电力调度控制智能决策"等主题，围绕电网调度生产场景的热点难点，探索AI操控电网的前沿技术应用，促进云计算、大数据及人工智能等数字技术与电网调度业务深度融合，推动新型电力系统建设重要领域、关键环节取得新突破。

依托历届大赛创新成果，南方电网公司已实现电网负荷预测业务向人工向智能的升级，并于2022年成功搭建国内首个新能源多时空尺度精确预测智慧平台。通过引入竞赛机制，发掘人才潜力，做出典型AI应用，对优秀成果进行本地工程实用化并逐步推广，培育开放共享的能源产业发展生态，推动AI在全网乃至全行业的大范围推广应用，第一届电力调度AI应用大赛海报如图5-7所示。

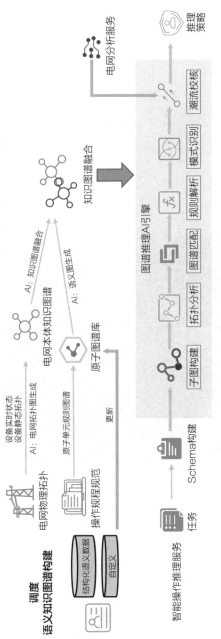

图 5-6 智能防误技术路线图

图 5-7 第一届电力调度 AI 应用大赛海报

6

生产
数字化转型

电网生产域数字化覆盖输电、变电、配电等生产运营环节，围绕"电网设备数字化"和"生产业务数字化"两条主线开展数字化建设。其中，"电网设备数字化"旨在借助数字化技术提升设备本体的数字化水平，强化终端感知和设备状态智能监测，支撑电力系统安全稳定运行。"生产业务数字化"重点是以数据要素为驱动，强化"营、配、调、规"跨专业融合协同，助力电网运营提质增效。典型数字化场景包括输电无人机智能巡视、变电站远程巡视操作、配电网自愈、配电网低压透明化等。本章重点介绍生产各业务域的数字化转型内容，其中每个业务域分别介绍业务概述、发展历程、数字系统、应用场景、发展趋势和展望，最后统一介绍数字生产的通用类系统。

6.1 数字输电

6.1.1 输电业务概述

1. 输电基础概念

（1）输电网。输电网是电能输送的物理通道，是连接发电站和变电站、变电站和变电站的纽带。电压等级的选取是根据输送容量的大小及输送距离的远近综合确定的。一般来说，电压等级越高，输送的容量越大、距离越远。输电包括直流输电和交流输电两种方式，根据不同的电压等级可以划分为特高压、超高压、高压，输电电压等级划分见表6-1。

表6-1 输电电压等级划分

电压等级	直流输电（kV）	交流输电（kV）
特高压	±800、±1100	1000
超高压	±500	330~750
高压	±10~220	35~220

（2）输电设备。输电的电力设施主要包括输电线路及其附属设施，其中输电线路按结构分为架空线路和电缆线路。

架空线路是将输电导线用绝缘子和金具架设在杆塔上，使导线与地面和建筑物保持一定距离的通道。架空线路由导线、架空地线、杆塔、绝缘子、金具、接地装置等组成，架空线路外观如图6-1所示。导线的主要作用是传输、分配电能，是架空线路的主要部分，除承受风、雨、雪等外力作用，还会受到空气中化学物质的侵蚀。

图6-1　架空线路外观

电缆线路是利用埋在地下或敷设在电缆沟中的电力电缆来输送电能的通道，电缆线路外观如图6-2所示。电缆线路由电缆本体、电缆接头、电缆终端等组成，占地少，不受外界干扰，具有防潮、防腐等特点，因此被大量应用于城市中心及人口密集区，以及发电厂、变电站的内部接线和跨江过海的电能传输。

2. 输电基本业务

（1）业务内容。输电的业务内容主要围绕输电线路的运维、检修展开，由于输电网范围广、环境复杂，因此采用"运检合一"的管理模式，包括运检、带电作业等专业。其中运检分为线路运检（架空线路）和电缆运检（电缆线路）。线路运检专业主要负责日常巡视、故障巡视、特殊巡视及树障处置、架

图 6-2 电缆线路外观

空线路测量、外力破坏隐患处置、停电检修。电缆运检专业主要负责电缆及附属设施的巡视、维护、消缺，故障处理、抢修和应急处置，以及电缆修理技改工程实施等。带电作业专业主要在设备存在缺陷且在消缺周期内无停电计划时开展不停电作业，必要时配合线路运检班开展停电检修、外部隐患处置等。

（2）输电业务特点。

1）地理位置复杂。输电线路覆盖区域广，且一般为远距离输送。为了不影响居民生活，其所处位置偏僻，往往需要翻山越岭、跨江跨河。

2）所处环境恶劣。架空线路暴露于室外，结构整体偏高，易遭受风雪、雷击、雨水、山火等自然灾害的影响；电缆线路处于地下通道或隧道，所处环境潮湿阴暗且含有害气体。

3）作业风险较高。由于地理位置偏僻、所处环境恶劣，运检人员往往需要在高空、密闭环境作业，面临较大安全隐患。

4）运维需求繁多。为保障设备健康度，不仅需要关注相关电气量参数，还要监测温度、污秽、位移、气体含量等非电气量参数，监测装置种类繁多。

（3）数字输电业务。近年来，随着无人机巡线、视频监控、图像识别等新技术的广泛应用，输电专业的生产组织模式得到了极大的改变。逐步从原来的人工巡检模式向远程巡检的数字化、智能化模式转变，衍生出无人机飞行控制、航线规划、图像识别分析等新型专业分工。同时，由于大量智能设备的安装和应用，新设备的智能巡检也变得日趋重要。

数据分析专业以监盘和监督为主，主要负责运维策略制订、生产运行分析、缺陷隐患消缺督办、监控数据分析、检修策略制订、反措跟进督办、间接许可、智能终端巡视、智能终端维护及技术监督。

智能设备包括用于监测架空线路、电缆线路的智能终端以及机巡工具。架空线路的监测装置包括分布式故障定位、视频监控、覆冰监测、山火监测、微气象监测、杆塔倾斜及地质沉降监测等智能终端，以及直升机、多旋翼无人机、固定翼无人机、云巢无人机、移动云巢无人机、固定机巢、无人机定位装置等机巡工具。电缆线路的监测装置包括护层环流监测、局部放电监测、视频监控、有害气体监测、电子门禁、安全防卫、水浸及火灾消防监测等智能终端和电缆巡视及消防机器人等机巡工具。

（4）职责分工。输电业务的主要内容如图6-3所示，首先运维班在无人机巡视、直升机巡视等巡视环节发现输电线路存在的缺陷、隐患，然后由数据分析专业通过智能分析算法识别缺陷、隐患和异常的具体情况，最后由检修班进行消缺，并将消缺情况记录备案，为应急管理工作提供支撑。输电日常应急管

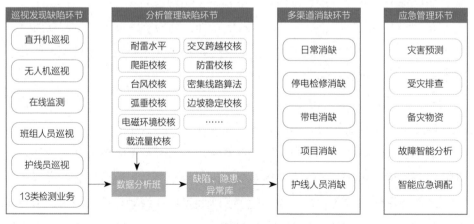

图 6-3　输电业务的主要内容

理环节中的灾害预测和故障智能分析等工作由数据分析专业负责，受灾排查、备灾物资筹备、应急调配等工作由运检专业负责。

3. 关键评价指标

输电业务主要围绕架空线路和电缆线路的巡检开展，输电业务数字化转型的关键评价指标如表6-2所示。

表6-2　输电业务关键评价指标

指标名称	指标说明
输电线路可用系数	所有统计周期内运行的输电线路的可用小时之和与输电线路统计期间小时之和的比值，衡量输电线路可靠性的指标
输电线路强迫停运率	所有统计周期内运行的输电线路的强迫停运次数之和与输电线路统计百公里年数之和的比值，反映输电线路非计划停运情况和设备可靠性水平
线路可用小时	统计周期内线路处于可用状态的小时数
输电线路强迫停运次数	统计周期内输电线路强迫停运次数
人工日常巡检时长占比	某区域所需人工日常巡检的时长占总巡检时长的比例
年无人机巡视时长占比	某区域开展无人机巡检的总时长占总巡检时长的比例
年直升机巡视时长占比	某区域开展直升机巡检的总时长占总巡检时长的比例
年视频巡视时长占比	某区域开展视频巡检的总时长占总巡检时长的比例

6.1.2　输电巡检业务发展历程

输电业务由于作业环境的特殊性和复杂性，相较于变电和配电等生产运行业务，数字化、智能化发展较晚，主要变化集中在近五年，整体呈现由人工巡检向远程巡检、智能化巡检的演进趋势，其发展历程如图6-4所示。

1. 传统模式：人巡

2013年以前，输电业务一直采用传统的人工巡检模式，如图6-5所示。专业班组成员往往需要背着沉重的装备爬山登塔，故障、缺陷排查均依靠肉眼，体力劳动强度大。加之输电线路受自然环境影响大（山火、覆冰），隧道存在火灾、气体中毒等安全隐患，作业危险系数极高。以南方电网为例，输电线路约35万km，

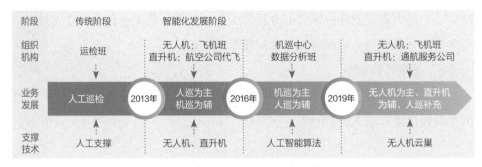

图6-4 输电巡检发展历程

（a）爬杆登塔作业　　　　　　　（b）翻山越岭巡检

图6-5 人工巡检

分布五省区约100万km²，大山大岭、河谷线路占比高达70%以上，现场工作时常发生"作业10分钟、找路2小时"的情况，运检工作量大、工作效率低。

2. 智能模式：机巡

随着计算机和通信技术不断发展，输电巡检业务开始逐步探索采用无人机、直升机、隧道机器人、视频终端等新技术替代人工巡检，实现了工作环境改善和工作效率提升，智能巡检如图6-6所示。相比人工巡检，新型监测设备能够到达人员不易抵达的地点、忍受恶劣环境，进而保障人员人身安全，此外，通过无人机等技术近距离拍摄的图片比远距离肉眼观测更为清晰，能够发现人工难以发现的缺陷，从而实现线路精细化巡检。输电巡检业务的数字化、智能化主要经历三个发展阶段。

（a）直升机作业

（b）无人机作业

图6-6 智能巡检

（1）"人巡为主、机巡为辅"阶段（2013—2016年前后）。该阶段处于数字化、智能化起步阶段，实施"人巡为主、机巡为辅"的智能巡检策略，主要由外部航空公司驾驶直升机协助开展线路巡视工作，部分代替人工巡检。同时，得益于在线监测装置的应用，该阶段南方电网公司建成"在线监测为主、人工观冰为辅"的覆冰监测体系和覆盖全网的雷电监测体系。由于直升机仍然需要依靠人工驾驶，技术门槛较高，受限于技术和经济性等制约因素，机巡难以大面积、高频次广泛开展应用，大部分地区仍然以人工巡检为主。

（2）"机巡为主、人巡为辅"阶段（2017—2018年前后）。受益于无人机技术的成熟和广泛应用，无人机巡检逐步替代直升机在电网输电业务中全面推广应用。无人机技术具有飞行模式小型化、轻量化的特点，对于复杂的输电巡检作业环境具有更强的适应能力，且无人机飞行易于上手操作，便于大面积开展推广应用。随着无人机巡检技术的普及，该阶段逐步形成了"机巡为主、人巡为辅"的巡检模式。无人机定位为班组工器具，可开展红外精确测温、带电处理飘浮物、拆除蜂巢等检修工作，也能开展线路日常巡视、故障特巡、通道巡查等视距外作业。同时，该阶段开始逐步应用图像识别技术开展机巡数据分析，通过集中智能缺陷分析，建立高质量缺陷样本库，自动生成缺陷照片和巡检报告，降低运检人员后台人工识别、报告编制等方面工作强度，提高工作效率。

（3）"无人机为主、直升机为辅、人巡补充"阶段（2019年后）。在无人机巡检全面覆盖的基础上，未来将重点向"自主巡检+自动识别"的智能化方向发展：①应用"智慧机场"增加飞机续航能力，实现无人机航线自动规划与输、变、配设备联合巡检全覆盖，推动无人机作业真正迈向实用化、智能化、无人化；②综合运用人工智能图像、视频识别等技术，提高线路故障精确定位能力。

6.1.3 数字输电支撑系统

输电数字化、智能化离不开先进装置的发展，也离不开相关系统的支撑。数字输电支撑系统主要包括输电业务管理系统、输电专业系统和技术服务平台，关系如图6-7所示。业务管理系统主要用于支撑输电业务管理、处理业务流程表单和作业计划。输电专业系统主要用于支撑对输电设备的智能监测分析，包括输电域生产运行支持系统和机巡系统。技术服务平台包括全域物联网平台、地理信息系统、人工智能平台等，提供数据汇集、算法训练、地图服务等共享服务。

1. 输电域生产运行支持系统

近年来，随着各类智能设备的广泛部署和应用，输电专业陆续开展了一系列系统建设和应用，主要包括架空输电线路监测、输电电缆在线监测、输电线路无人机巡检、雷电定位、电缆及通道防外破监测系统等。由于各类系统相互

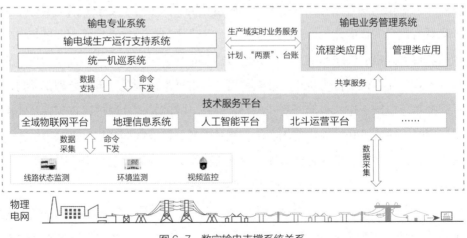

图6-7　数字输电支撑系统关系

独立，海量设备管理和数据共享交互成为亟须解决的问题。

输电域生产运行支持系统在对原有各类存量输电监测系统进行整合的基础上，重点支撑输电专业日常运维控制类业务，通过视频、图片、指标、模型等形式呈现输电线路及周围环境情况，推动现有运维模式从"常规防御"向"智能预防"转变。

主要功能：生产运行支持系统主要支撑生产实时业务，包括基础支撑、状态感知、运行分析、辅助控制等四大类功能，并与电网管理平台协同支撑生产管理业务。输电域生产运行支持系统主要支撑输电运维和控制类业务管理，包括智能巡视、智能操作、智能感知、智能安全、智能分析等功能，应用架构如图6-8所示。其中智能巡视主要包括机巡计划、机巡展示、密集通道、重要交叉跨越、重要线路等输电机巡功能。智能感知包括卫星遥感监测、北斗地灾监测、雷电监测、微气象感知等功能。智能分析包括缺陷自动识别、故障快速诊断、在线监测分析等功能。

数据流向：数据主要来源于全域物联网平台、大数据中心和地理信息系统。全域物联网平台汇集各类在线监测装置数据，包括摄像头、固定机巢、移动机巢、无人机、电气量传感器、故障定位、微气象、杆塔倾斜等在线监测数据，还包括雷电、山火、气象、台风、内涝、地质、地震、覆冰等气象数据；地理信息系统主要基于地理位置提供基础地图、点云、线路台账、交叉跨越等数据；大数据中心提供设备资产台账信息、作业表单记录等业务管理流程数据。

技术架构：采用云数一体、云边融合的技术架构，由"南网云"统一提供软硬件资源，通过物联网平台实现海量终端全面接入，通过数据中心实现数据的统一管理、处理和分析，促进跨系统数据互联互通，实现对输电生产设备的智能监测。

2. 统一机巡系统

机巡系统主要对分散存储的输电机巡数据进行统一汇聚，基于"南网云"强大算力提高数据挖掘和分析处理能力，充分发挥数据价值。机巡系统结合防灾减灾监测预警系统和北斗一体化运营平台等地理位置数据、环境数据，实现

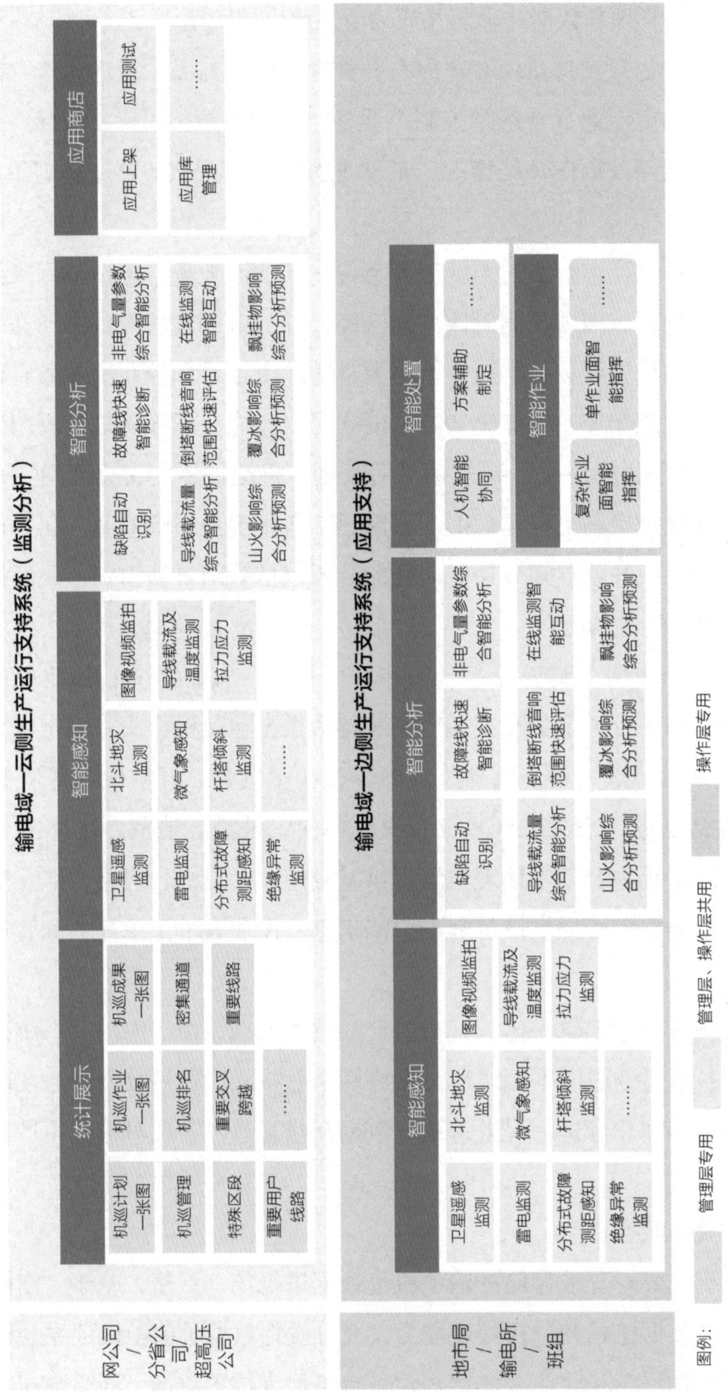

图 6-8 输电域生产运行支持系统应用架构

输电线路的智能巡视和智能分析。

主要功能：为输电域生产运行支持系统的智能分析、智能巡视等应用模块提供数据支撑，主要包括数据采集、航线规划、巡检作业、数据处理等功能模块。机巡系统汇集直升机、多旋翼无人机及固定翼无人机等机巡数据，具备三维航线规划、图像智能识别、倾斜影像建模、树障隐患分析、机巡云盘等功能。机巡耐张杆塔影像图如图6-9所示。机巡系统支撑数字化通道、重要线路、交叉跨越等支撑业务，同时可为数字孪生电网建设提供支持。未来，随着机巡工具和机巡系统的发展将逐步实现"不开车，不出门"的远程化、自动化、无人化巡检。同时，机巡大数据将实现服务共享，实现数据一次采集、多方应用。

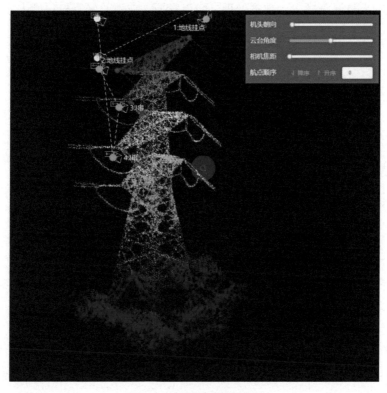

图 6-9　机巡耐张杆塔影像图

6.1.4 数字输电展望和趋势

1. 数字输电转型成效

数字化转型为输电业务、技能要求、组织模式带来变革性影响。

（1）业务变革。传统的人工巡检业务主要针对输电线路进行巡视、检修、检测，往往需要耗费大量时间往返现场，而且由于通常在危险的高空、密闭的隧道作业，要求相关人员具备高空作业等作业证书，对人员技能的要求以体力劳动为主。

随着智能巡检工具对人工巡检的逐步替代，输电巡检业务的重心向无人机操作、机巡数据分析、航线规划、无人机自主巡视等内容转变。机巡飞手需要获得作业资格证才能够操作无人机，从事数据分析的人员比例也越来越高。

图6-10是传统巡检模式下和智能巡检模式的人力分配对比，可见日常巡检专业的人员逐渐减少，数据处理、隐患管控、技术监督等科技型人才的需求逐渐加大。

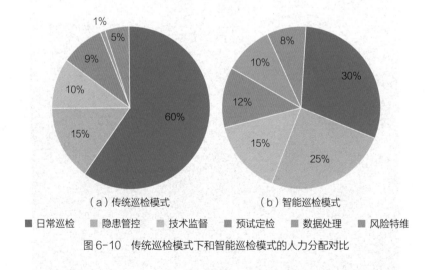

（a）传统巡检模式　　　　（b）智能巡检模式

■ 日常巡检　　■ 隐患管控　　■ 技术监督　　■ 预试定检　　■ 数据处理　　■ 风险特维

图6-10　传统巡检模式下和智能巡检模式的人力分配对比

（2）组织变革。数字技术作为新时代的关键生产力，是业务转型升级的推动力。同时，企业通过组织变革和流程再造，能够更好地适应业务转型。传统输电班组业务相对同质化，难以适应输电业务数字化、智能化发展新形势。部分单位正在开展生产组织模式优化，如组建机巡作业班、数据分析班、科技信息班等班组。

以广东电网肇庆供电局（简称肇庆供电局）为例，在人员总数不变的前提下，构建前中后管理体系，肇庆供电局前中后管理体系如图6-11所示。肇庆供电局将原本13个输电线路班组抽调少数机巡飞手组成1个机巡作业班，以及技术骨干组成1个科技信息班。生产监控指挥中心相当于"大脑"，负责输电生产业务全链条管理、指挥、决策。科技信息班相当于"神经中枢"，为中台班组，基于生产实时数据，对输电线路班和机巡作业班进行数据分析和监控，负责科技创新管理、数据管理、缺陷隐患管理、生产计划管理等工作。机巡作业班相当于"眼"，为前端班组，采集输电线路相关数据。输电线路班相当于"手"，负责线路现场运维。

图 6-11 肇庆供电局前中后管理体系

2. 数字输电发展方向

（1）应用平台专业化。以往输电各专业系统在省级、地级独立建设部署，分散化、烟囱式建设，大量数据未及时上传、统一汇聚。未来要通过建设完善统一平台，实现数据融合贯通，提升各专业工作效率和协同能力。①通过全域物联网平台，实现设备终端数据的全量汇聚；②通过输电域生产运行支持系统，实现输电业务应用的统一集成和输电数据统一分析处理。

（2）输电设备智能化。输电线路在线监测终端设备的产品质量参差不齐，入网检测通过率低，数据不准确，管理不规范。①要基于研发、制造、监测、运维、推广、评价全链条体系，提升在线监测、人工智能装置、智能网关、物联芯片等输电专业应用装置智能化能力，支撑输电线路智能维护业务需求；②要逐步推广普及智能终端的应用，实现数据的全量采集。

（3）生产运维智慧化。输电存量数据价值深入挖掘和应用力度不够。未来将推进输电线路智能分析，利用实时监测数据专业算法，开展架空线路、电缆线路载流量、运行温度计算，实现动态增容预测分析；开发输电线路缺陷和通道隐患识别等输电应用专业算法，支撑其向智能识别为主、人工复核为辅的算法应用模式转变。

6.1.5 数字输电典型应用场景

1. 智能巡检

（1）视频巡检。通过在架空线路、电缆线路上安装视频在线监测装置，犹如"智慧之眼"般实现线路的远程监控和视频监控，大大减少了人员往返现场的频次。结合人工智能算法识别通道周围的山火、大型器械、异物外飘等缺陷、隐患，实现输电线路通道巡视无人化，提升安全隐患管控能力和巡检工作效率。例如，深圳供电局有限公司（简称深圳供电局）前海隧道内敷设220kV电缆线路10回、110kV线路4回，需要2人巡视3个工作日。通过在隧道内安装视频监控设备280套、环流在线监测设备82套、环境监控设备224套，基本实现隧道巡视无人化。以往人工日常巡视年需2496h，现只需730h，提升综合效率2.5倍。

（2）无人机巡检。无人机能够应用于灾害巡视、故障巡视、隐患巡视、红外测温、外飘清除、设备验收等场景。应用无人机可用于开展线路精细化巡视，通过建设无人机巡检系统，可实现无人机计划闭环管控、现场作业视频实时回传及巡检照片就地智能识别。例如，深圳供电局500kV安鹏甲乙线共有杆塔22基，以往人工日常巡视一年需要117.9h，视频巡检后仅需10.52h，综合效率提升约10倍。再如，2018年以前，韶关架空线路大部分经过丛林、山地、湿地等通行较为困难地区，受地形阻隔、无人机通信距离等因素影响，传统的人工巡视及人控机巡巡视效率都不高。广东电网韶关供电局应用无人机"起飞点规划"系统及机巡作业监控调度系统，实现超视距、长距离的"片区式"自主巡视，巡视率较人巡相比提升约11倍，较人控机巡相比提升约8倍。2021年，南方电网公司无人机巡视80.8万km，机巡业务占比首次超过70%；得益于机巡工具辅助，人均维护线路长度增长至37.32km，同比2020年的34.06km增加3.26km。

2. 智能分析

（1）导线载流量综合智能分析。导线载流量取决于诸多因素，以往判断导线温度、弧垂、张力、环境温度、日照、风速、风向等情况，主要依靠运检人员肉眼观测、拍照等方式。通过部署在线监测装置可以实时获取上述数据，结合线路参数可以实时确定线路载流能力，在不新建线路的前提下增加导线输送能力，动态评估增容后线路运行风险，确保增容运行的可靠性和安全性。例如，广东电网天地一体模式的电力走廊空间信息数字化系统，利用杆塔设计风速、微气象、微地形、隐患、缺陷等大数据，构建塔—线受损评估模型，实现了导线状态的智能分析，提升了电网精益化、智能化运维水平。

（2）非电气量参数综合智能分析。基于物联网平台及数据中心能力，综合非电气量集成传感器监测的气压、海拔、温度、湿度、图像、红外等数据，运用融合监测分析技术、可视化数据监盘，提升输电线路信息感知能力，解决输电线路的防外破、防山火、防覆冰、防舞动等系列运维实际需求。以云南电网为例，云南地处"华南静止峰"覆盖范围内，冬春季低温雨雪冰冻天气频发，同时受高原季风气候影响，中南部区域降水较少且气候干燥，极易发生山火，独特的气候及地理环境，造就了云南"冰火两重天现象"，给电网安全运行带来较大威胁。云南电网基于大数据、云计算等先进技术，以数字输电系统为载体，搭建覆冰、山火等专题应用，通过多源信息融合、多维数据分析，实现了气象的实时监测、覆冰的精准预测、融冰的科学调度和应急的高效指挥，有效支撑防冰抗冰业务。

（3）线路交跨分布自动分析计算。基于输电线路基础数据和智能算法，有效解决线路通道紧张、路径复杂、同走廊分布多等问题。以广东电网佛山供电局110kV康永联线为例，与康大线、康永联甲线等10条线路存在同塔架设，共12处同塔线并入点，具有单回路、双回路、四回路、T接杆塔等多种塔型，左右回路及A、B、C相序空间变化情况复杂。利用三维数字化通道可清晰、准确展示全线线路走向情况，自动分析通道内交跨分布，提供可靠辅助决策支撑。

（4）故障线路快速智能诊断。利用物联网数据传输技术、大数据分析算法，可以智能锁定故障区段、分析故障类型、生成故障巡视排查策略、自动生成故障分析报告，提升故障处理的智能化水平，实现输电运维工作的提质增效，智能分析应用场景如图6-12所示。例如，广东电网输电智能运维平台能够自动采集数据、分析巡视结果，精准、快速定位故障，支持一键生成缺陷报告，实现输电运检分离，缺陷发现率同比增加150%，主网故障率同比下降12%。

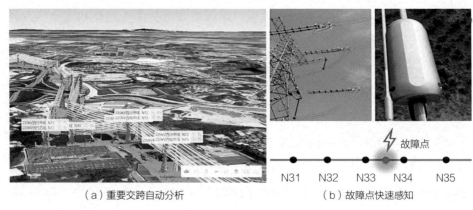

（a）重要交跨自动分析　　　　　（b）故障点快速感知

图6-12　智能分析应用场景

6.2　数字变电

6.2.1　变电业务概述

1.　变电基础概念

（1）变电及变电站。变电是电力系统的重要中间环节，是电网中的线路连接点，是实现电压变换、功率交换、汇集及分配电能的过程。升压变压器将电源侧低电压升高，满足长距离输电需求，再通过降压变压器将高电压降低为适合短距离输电或用户分配的低电压。变电站是实现变电过程的关键场所，其主要功能除了电力传输、转换和分配，还包括采集电网运行和维护的关键信息，支持调度实施监控和运行操作。我国变电站的电压等级包括1000、750、500、

220、110、66、35kV 。

（2）变电设备。变电站内主要设备包括一次设备和二次设备，变电站设备系统示意图如图6-13所示。

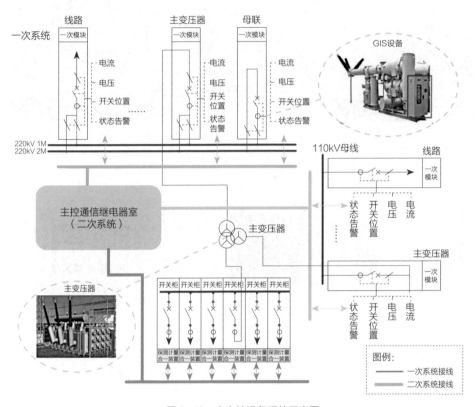

图 6-13　变电站设备系统示意图

一次设备是直接生产、输送、分配和使用电能的设备，主要包括变压器、断路器、隔离开关、熔断器、互感器、母线、气体绝缘金属封闭开关设备组合电器（gas insulated switchgear，GIS）、高压开关柜、无功补偿设备、避雷器等，如图6-14所示。

二次设备是对一次设备进行测量、控制、保护和监察的设备，主要监测一次设备的电压、电流、开关位置、状态告警等信息，包括继电保护设备、自动化设备、安全稳定装置、通信设备等，如图6-15所示。

（a）变压器 （b）断路器

图6-14 变电站一次设备

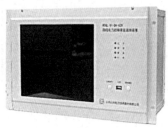

（a）保护装置 （b）智能录波器 （c）数字化测试仪

图6-15 变电站二次设备

2. 变电基本业务

（1）业务内容。变电业务主要围绕变电站内电力设备的运维展开，可分为运行、检修、试验、继保自动化等专业。

1）变电运行专业主要负责运行专业日常和应急值班管理，包括日常巡视、特殊巡视、红外测温、差异化运维、倒闸操作、事故处理、工作许可、工作验收等。简单来说，变电运行一般是指对设备的外观巡视，进行简单的设备状况判断，以及配合检修、试验、继保自动化等专业人员开展现场工作，包括事故处理、倒闸操作、工作许可和验收等。

2）检修试验专业主要负责一次设备的消缺、故障处理、反事故措施及专项、试验和差异化运维、修理技改项目实施、退役报废鉴定等全生命周期过程管理工作。定期开展是结合设备运行规律主动发现潜在风险和存在缺陷，不定期主要针对设备突发事故和异常情况采取的应急处置。

3）继保自动化专业主要负责二次设备的消缺、故障处理、反事故措施、定检和差异化运维、修理技改项目实施、退役报废鉴定等全生命周期过程管理工作。

（2）变电业务特点。

1）设备种类繁多。变电站内设备种类、数量繁多，运维需求大，亟须通过智能技术取代传统人工运维。

2）对控制及操作需求高。变电业务离不开对设备的操作和控制，对准确性要求极高，需要确保人身及设备安全。

职责分工。随着数字化智能化发展，变电业务采用"调度+生产指挥中心+巡维班组"的模式，调度负责指挥和远程操作，主要完成对变电站设备运行的一类信号监视任务；生产指挥中心负责数据监控；巡维班组负责变电站现场管理，包括变电运行、修试和继保人员，其中运行人员从事巡视、维护、倒闸操作、现场作业等工作，修试和继保人员对站内一、二次设备和系统进行专业的试验和调试，并完成设备大小修、消除缺陷及事故检修。以下通过变电缺陷处理流程帮助理解各专业之间关系，如图6-16所示。

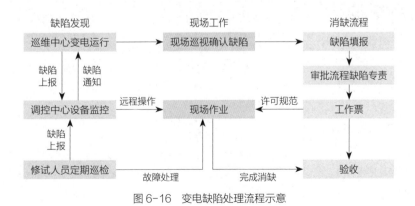

图6-16　变电缺陷处理流程示意

缺陷发现。主要包括三种发现方式：①通过运行人员日常巡视、维护发现，例如设备漏油、开关刀闸发热等；②调控中心远程通过故障、异常信号发现；③在定期检修试验过程中发现。一般发现缺陷后需由相应巡维中心的运行人员上报至调控中心。

缺陷填报。调控中心收到故障、缺陷信号时，安排相应管辖区域巡维中心的变电运行人员赴现场检查设备情况，并在电网管理平台填报相应缺陷来源、缺陷状况等信息。

消缺派工。缺陷工单填报完毕后，由运行专业专责人员对缺陷进行定级（紧急、重大、一般、其他），随后流转至对应供电单位各专业专责人员（检修、试验、继电保护）安排消缺。

现场作业。现场作业必须严格遵照工作票规范化开展，其中变电运行人员负责工作票的许可和验收、冷备用转检修操作等工作，调控中心的人员负责远程控制断路器、隔离开关等，检修、试验、继电保护等专业班组负责现场消缺工作。随着技术的不断进步，未来现场作业将逐步实现调度对倒闸操作的一键顺控。

消缺完成。消缺完成往往以工作票的验收为标志，在电网管理平台完成流程，形成闭环。

3. 关键评价指标

变电业务按照专业分工的关键评价指标见表6-3。

表6-3　变电业务的关键评价指标

业务	指标名称	指标说明
运行	变压器可用系数	所有统计周期内运行的变压器的可用小时之和与变压器统计期间小时之和的比值，衡量变压器可靠性的指标
	变压器强迫停运率	所有统计周期内运行的110kV及以上变压器的强迫停运次数之和与变压器统计百台年数之和的比值，反映变压器非计划停运情况和设备可靠性水平
	断路器可用系数	所有统计周期内运行的断路器的可用小时之和与断路器统计期间小时之和的比值，衡量断路器可靠性指标
	断路器强迫停运率	所有统计周期内运行的110kV及以上断路器的强迫停运次数之和与断路器统计百公里年数之和的比值，反映断路器非计划停运情况和设备可靠性水平

续表

业务	指标名称	指标说明
检修	维护检修计划完成率	统计周期内已完成的维护检修计划数占总维护检修计划比例
	设备消缺率	统计周期内实际完成消缺项数占应完成消缺总项数比例
	设备反措完成率	统计周期内实际完成反措项目数占应完成反措项目数比例
	自主/外委检修比例	自主/外委开展检修业务占总检修业务比例
试验	设备预试完成率	统计周期内已完成试验单数占计划试验单数比例

6.2.2　变电业务发展历程

信息技术的发展和应用极大改变了变电运维工作模式，从传统的人工就地监控逐步转变为远程控制、少人值守，主要经历了传统变电站、综合自动化（综自）变电站、数字变电站三大发展阶段，变电站发展历程如图6-17所示。

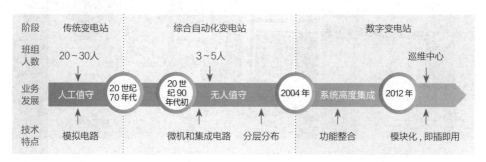

图 6-17　变电站发展历程

1. 传统变电站：人工值守、就地监控、就地操作

（1）管理特征。1949—1970年，早期传统变电站运维模式为人工值守、就地操作及就地监控，需要大量人员对设备运行状况进行监视、巡视，人身安全隐患较大。

（2）技术特征。早期传统变电站二次设备大多采用模拟电路、模拟仪器仪表，以低电压、小容量、弱联系、人工运维为技术特征。这些设备互相之间不能通信，且缺乏自检和自诊断能力，在运行中若自身出现故障，不能自动发现并提供告警信息，可靠性低。同时，传统变电站占地面积大，使用电缆多，结构复杂，基本不具备自动化能力。

2. 自动化变电站：无人值守、调度"四遥"、定期检修

（1）管理特征。1970—2005年，变电站进入自动化阶段，逐渐形成少人值守、无人值守模式。例如，220kV变电站的值班人员，从原来需要20名左右减少到3～5名。得益于自动化系统的逐步发展，远动技术开始大规模应用，实现了计算机统一实时远程监视、测量、控制和协调。人工就地监控的运维模式转变为定期检修，减少了人员工作时长，降低了人力成本。传统变电站和综合自动化变电站值守模式比较如图6-18所示。

（a）人工值守   （b）远程监控

图6-18　传统变电站和综合自动化变电站值守模式比较

（2）技术特征。该阶段变电站以超高压、大容量、强联系及自动化应用为技术特征。该阶段技术发展又可细分为2个时期：①传统自动化变电站（1970—1983年），应用机械电磁式、晶体管式、集成电路式装置，相较于模拟电路时期测量更为精确、故障率更低、电路更加简单，实现了一定程度的自动化；②综合自动化变电站（1984—2004年），应用远程终端单元（RTU）、微机保护及自动化装置、总线及以太网、计算机监控系统等，支持远程监视和控制。该阶段是我国变电站自动化改造阶段，1984年出现了全国第一套微机保护装置，1994年出现了全国第一套分布式综合自动化系统，至2004年我国变电站综自改造基本完成。

3. 数字、智能变电站：调控一体化、状态检修、智能运维

（1）管理特征。2003年国际上IEC 61850第一版颁布，2004年全球第一座IEC 61850变电站建成。2006年起，IEC 61850标准和相关电子设备的应用支撑变电站内信息标准化、数字化，为南方电网公司调控一体化模式的实现提供标准和模型支持。2012年以来，南方电网公司大力推行调控一体化，实现了调度人员集中监控，原来负责监控的变电运行人员有更多精力从事变电站的运行维护工作。该模式有效整合了变电运行与电网调度资源，推进了业务数据融合共享，提高了电网运行实时控制效率。

（2）技术特征。得益于IEC 61850的发展，分层、分布式的变电站自动化系统得到了广泛应用，这种结构下局部故障一般不会影响其他模块正常运行，提升了系统的可靠性。此外，变电站设备间的互操作性也得到增强，支持远程自动控制业务。该阶段变电站以源端数字化采集、网络化传输、智能化设备、集成化系统为技术特征，实现了设备间的协同互动以及设备状态感知。变电站自动化技术在该时期已经较为成熟，逐步向数字化、智能化发展。

6.2.3　数字变电支撑系统

数字变电支撑系统主要包括变电业务管理系统、变电专业系统、调度自动化系统和技术服务平台，变电业务系统关系如图6-19所示。下面重点介绍变电专业系统，主要支撑变电站内设备的智能运行和控制，以及生产数字化智能化场景应用。

传统变电领域主要有两类系统，一类是支撑缺陷、"两票"、台账等业务管理的信息化系统；另一类是实现对变压器、断路器、隔离开关等一次设备监视和控制的调度自动化系统，但调度自动化系统在设计上面向系统运行管理，更多关注影响系统安全运行的实时指标，不能完全满足变电运行全景监视和预判预警的要求。

随着视频、传感器、人工智能组件等数字化设备的广泛应用，变电领域具

备了更大范围的感知和分析能力。在此基础上建成的变电生产运行支持系统，支撑了变电主辅设备的全景监视，实现了风险隐患的智能分析、预判、预警，变电运行模式也逐步转变为"无人值班+远程巡维""设备主人+智能诊断"模式。同时，变电生产运行支持系统的出现，有效促进了变电业务管理和变电设备管理的"上下衔接"。一方面服务管理层，通过数据全量采集、智能分析，实现生产实时数据的"全维算、全景看"，辅助信息系统实现管理穿透和决策制定；另一方面支撑操作层，通过辅助控制、智能安全等功能，为调度自动化系统的一键顺控功能提供判据支持，极大减少了运维人员到变电站现场确认操作结果的频次，支撑自动化系统实现对电网设备的"全息判、全程控"。

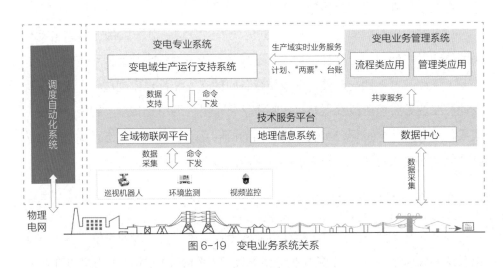

图6-19 变电业务系统关系

主要功能：变电域生产运行支持系统主要包括智能巡视、辅助控制、智能安全、智能分析等功能模块，变电域生产运行支持系统应用架构如图6-20所示。其中智能巡视包括无人机巡视、机器人巡视、计划管理等变电巡视功能。辅助控制包括操作指令管理、操作监视、操作视频库、辅控自检等辅助自动化系统一键顺控的功能。智能安全包括人员定位、电子围栏、安全管控、作业风险等功能。智能分析包括设备运行分析、开关特性分析、设备故障诊断、谐波监测分析、油色谱分析等功能。

数据交互：变电域生产运行支持系统主要与变电业务管理系统（电网管理

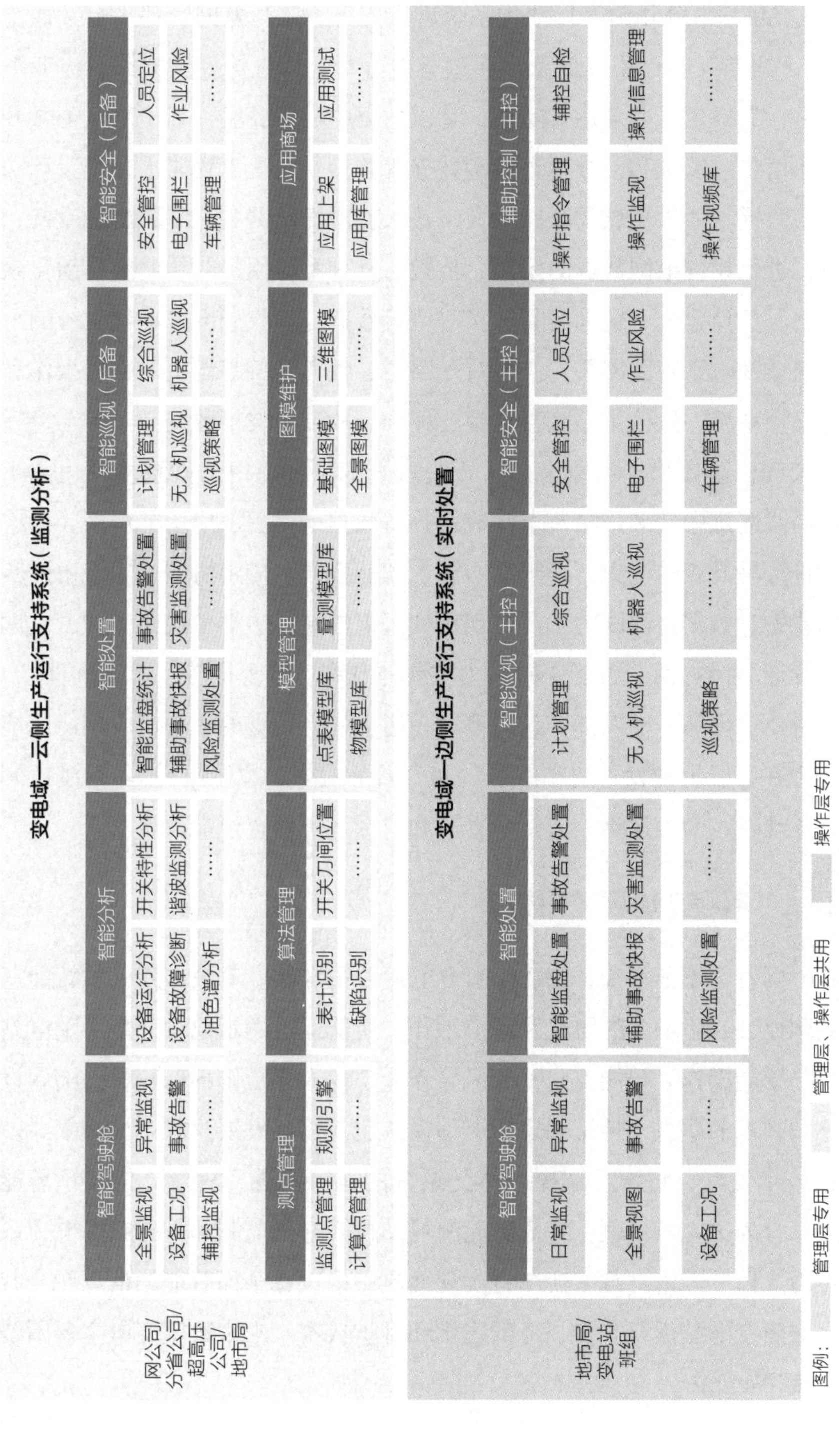

变电域—云侧生产运行支持系统（监测分析）

智能驾驶舱	智能分析	智能处置	智能巡视（后备）	智能安全（后备）
全景监视　异常监视	设备运行分析　开关特性分析	智能盘点统计　事故告警处置	计划管理　综合巡视	安全管控　人员定位
设备工况　事故告警	设备故障诊断　谐波监测分析	辅助事故快报　灾害监测处置	无人机巡视　机器人巡视	电子围栏　作业风险
辅控监视　……	油色谱分析　……	风险监测处置　……	巡视策略　……	车辆管理　……

测点管理	算法管理	模型管理	图模维护	应用商场
监测点管理　规则引擎	表计识别　开关刀闸位置	点表模型库　量测模型库	基础图模　三维图模	应用上架　应用测试
计算点管理　……	缺陷识别　……	物模型库	全景图模	应用库管理

左侧标签：网公司/分省公司/超高压公司/地市局

变电域—边侧生产运行支持系统（实时处置）

智能驾驶舱	智能处置	智能巡视（主控）	智能安全（主控）	辅助控制（主控）
日常监视　异常监视	智能盘点处置　事故告警处置	计划管理　综合巡视	安全管控　人员定位	操作指令管理　辅控自检
全景视图　事故告警	辅助事故快报　灾害监测处置	无人机巡视　机器人巡视	电子围栏　作业风险	操作监视　操作信息管理
设备工况	风险监测处置　……	巡视策略	车辆管理	操作视频库　……

左侧标签：地市局/变电站/班组

图例：　管理层专用　　管理层、操作层共用　　操作层专用

图6-20　变电域生产运行支持系统应用架构

系统）、技术服务平台和调度自动化系统进行交互。①与电网管理平台互通，接入计划、"两票"和台账等信息，通过智能分析、巡视等模块支撑对应业务流程的推进，完成生产业务运行闭环；②以数据中心为底座，基于南网智瞰开展设备台账信息、二维和三维地理模型数据等管理；与人工智能平台交互算法样本、模型数据；通过全域物联网平台，接入变电智能网关汇集的海量设备、终端数据，进行物理电网数据的采集、传输、管理和应用；③从调度自动化系统获取跳闸、负荷电流、辅助控制等实时运行数据；接收调度自动化系统的下发指令，送至变电站智能网关，实现对断路器、隔离开关等设备的远程操作和控制；与集控系统、保信主站交互监控、保护、故障录波等数据。

技术架构：总体采用云数一体、云边融合的架构，由云侧系统及边侧系统（地市局或巡维中心）边缘节点构成，具备数据上得去、应用下得来，运维更便捷、算法易升级的能力，即数据协同、智能协同、应用协同、运维协同四方面协同能力。数据协同能力主要体现在"云上汇聚，边端生成"和"云上调度，边端存储"两方面。智能协同能力主要体现在"云上训练，边端推理"，即云上支持模型训练，下发部署到边侧，在边侧进行模型的推理。应用协同能力主要体现在"云上开发，边端部署"和"云上编排，边端执行"。运维协同能力主要体现在"云上运维，边端纳管"和"云上更新，边端部署"。

6.2.4 数字变电展望和趋势

随着电网资产不断增加，2018年南方电网公司开始启动数字变电站智能运维、智能调控、云边融合的研究及示范工作。智能运维的示范，开启了变电站智能巡视、智能操作、智能安防、低风险作业、少人化检修的新篇章。随着设备状态感知技术的演进，传统的定期巡检模式也将逐渐发展为状态检修模式。智能调控技术发展，将增强调控一体化系统的运行监视、故障分析及预警能力。云边融合的研究及示范，将为新能源场站接入并网监测和构建新型电力系统提供有力支撑。未来，数字变电将实现变电站内设备全面智能、信息融合共享，从而保障变电站运行安全，降低建设和维护成本。未来数字变电主要围绕以下几方面开展工作。

（1）进一步提升设备状态感知能力。探索新的传感机理和技术，扩展现有传感器件的国产化能力及其性能，研制新型的传感器件和智能装置，例如，研发触头深度、开断时间、分合闸位置等多参量在线可测的智能断路器，研发集成油中溶解气体微型传感器、多位置温度、线圈电流、油多参量传感的智能变压器，构造覆盖电磁、热与机械特性的变压器数字孪生体，实现对变电装备内部电、磁、热、光、声、力、化学、运动等过程全感知，从而获得能够最全面、最直接、最灵敏反映设备状态的监测参量。

（2）推进以设备为中心的数据融合。在数字化转型的大形势下，加快推进以设备健康管理为中心的数据融合，进一步提升设备的智能运维水平，解决电网设备不同监测数据结合不紧密、设备健康管理各个环节数据独立应用、电网设备数字模型不全面等问题。开展以设备为中心的多源数据融合研究，建立设备信息模型，融合故障特征信号的测量、传输、存储、融合和诊断等数据，从而扩大数据资产规模效应，进一步发掘利用数据资产的价值。

6.2.5 数字变电典型应用场景

1. 智能分析

智能分析是指通过对各类设备的运行数据、在线监测数据、试验数据的横向和纵向分析，实时掌握设备运行状态变化趋势的手段。成熟的在线监测技术有CVT二次电压监测、电容器电流监测，相对成熟的有主变压器油中气体监测、GIS局部放电监测、避雷器泄漏电流监测等，正在试点应用的包括开关柜温度监测、开关机械特性监测等技术。

以主变压器监测为例，传统的做法是通过地市局变电管理所的试验班组到现场从设备取回油样，随后进行试验分析，从而判断设备状态。南方电网公司在110kV及以上变电站范围全面推广各类变压器在线监测装置，通过远程数据采集、智能分析，实时掌握变压器状态，提高设备缺陷和隐患识别率，减少了试验班组20%的工作量。

截至2021年11月，南方电网公司累计部署在线监测装置近9000套，包括油中溶解气体监测装置4000余套、避雷器监测装置近2000套、GIS特高频局部放电监测装置覆盖300多个变电站、容性设备绝缘监测装置近2000套、变压器铁芯接地电流在线监测装置300余套等。仅2021年，变压器油中溶解气体在线监测装置共告警159次，其中有效告警90次，告警有效率为56.6%，为变压器故障预防提供了重要支撑。

2. 智能巡视

智能巡视是指采用红外摄像机、可见光摄像机、巡检机器人、无人机等先进技术，代替传统人工巡视，实现无人化巡视。

现阶段，我国变电站已实现少人甚至无人值守，但仍需要巡维中心定期或不定期对设备进行人工巡维，而部分变电站地处偏远，人工巡维效率较低，通过智能巡视能有效减少日常巡维人力投入。图6-21是智能巡检机器人，智能巡检机器人支撑了"无人值守+远程巡维"模式的开展。

图6-21　智能巡检机器人

以深圳供电局500kV鹏城变电站为例，该站通过站内超过1.4万个巡视预置点的数据采集，以及对设备的红外测温、表计读数、温湿度读数的智能分析，实现了设备运行状态自动识别，减少了巡维工时55%以上。2021年该站共计开展智能巡视任务526次，完成率为100%，发现缺陷告警25项。

3. 智能操作

智能操作是指在调度操作系统的基础上，通过正向隔离将调度遥控指令联动现场机器人、可见光和红外摄像头，利用智能视觉分析技术，进行断路器、隔离开关分合闸位置图像采集、识别，从而判断分合闸状态，再通过反向隔离将结果反馈至调度，实现对分合闸状态人工检查的系统替代。

自动控制技术手段虽然已经能够支持断路器、隔离开关的程序化操作，但出于安全考虑，隔离开关分合闸位置仍需要二次判断，大多数变电站都依靠人工现场确认，未达到智能操作水平。为此，深圳供电局在智能操作方面进行了积极实践。一种方式是以图像识别为主，通过识别压板投退状态为隔离开关操作提供二次判据，从而支撑部分倒闸操作的设备现场无人化。另一种方式是图像识别技术结合传感器技术，自动判断断路器、隔离开关位置以及压板投退状态，有效支撑远程自动化操作。总体来说，目前智能操作仍处于探索阶段，有待大规模推广应用。

4.智能安全

智能安全是指融合智能识别、智能接地桩、电子围栏、UWB定位系统、WAPI通信、北斗定位、智能"五防"及智能联动等7项新技术，构成覆盖变电站范围的感知网络，融入生产作业的各个流程和区域，实现人员车辆进站管控、作业现场人员行为管控及人员定位管控，智能安全示意图如图6-22所示。通过智能安全，能进一步规范现场作业标准、提升现场作业效率。

（a）违章智能识别　　　　　　　　　　（b）越界告警

图6-22　智能安全示意图

以深圳供电局为例，部分变电站在现场布设摄像头等设施，通过智能安监系统实现了现场作业的远程实时监控，有效保障了现场作业安全。系统利用智能图像识别技术实现了工作服识别、安全帽识别、人员态势识别，规范了人员作业行为。通过电子围栏和UWB定位系统规范作业人员工作范围，防止作业人员误入带电间隔。

6.3 数字配电

6.3.1 配电业务概述

1. 配电基础概念

配电网主要由配电线路、配电变压器、断路器、隔离开关等配电设备及辅助设备组成，网架结构主要包括辐射状架空网、单环网、N供一备等多种典型接线模式（在实际电网中还存在一部分非典型接线），整体上配电系统自受端进线接头至终端用户呈现发散式的网状结构特征。配电电压等级主要有110、35、10kV及380、220V，不同电压等级的配电系统在功能定位和设备构成上略有差异，但核心组成部分是变电站、线缆、变压器、用户，即"站—线—变—户"。

2. 配电基本业务

配电业务主要围绕配电设备开展，其核心任务是设备管理及客户服务，配电基本业务如图6-23所示，设备管理包括巡视、预防性试验、检修维护、测量、电气操作五类。日常供电过程中，既要维持正常的用电秩序，保证供电可靠性；又要在停电发生后，及时处理故障，快速复电，减小停电造成的影响。因此配电业务不仅要关注设备运行状态，做好设备管理，更要关注用户的用电习惯及需求，履行服务职能。

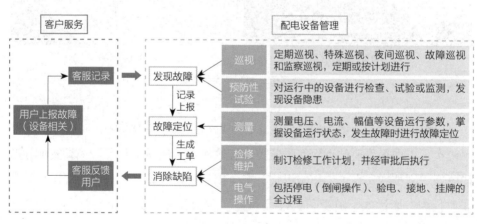

图 6-23　配电基本业务

配电设备品类多、型号多、数量庞大，地理分布点多面广，除了配电站房内的设备，还有对外直接延伸至终端用户侧的设备，运维管理难度较大。终端用能的快速变化，直接导致配电网络和设备运行状态变化快，容易导致重过载、低电压等供电质量问题。因设备直接连接用户，受用户的用电行为影响，运行参数变化更加复杂，设备状态难以实时监测，一旦遇到突发故障，不仅会影响电力系统的运行，还面临较大的客户投诉压力。综上所述，配电侧的供电可靠性要求高、业务开展随机性较强，对设备管理效率、客户服务水平提出了更高要求。

3. 关键评价指标

配电业务按照职责分工，主要有设备管理和客户服务两类关键评价指标，配电业务的关键评价指标见表6-4。

表6-4 配电业务的关键评价指标

业务	指标名称	指标说明
设备管理	人均检修试验设备数量	人均检修试验设备数量
	中压线路故障率	在统计周期内，折算为一年的统计单位平均每百公里中压配电线路因故障引起跳闸的次数，反映中压线路健康状况，影响供电可靠性的支撑指标
	配电变压器故障率	指在统计周期内，折算为一年的统计单位平均每百台中压公用配电变压器故障次数
	检修试验缺陷人均发现次数	检修试验缺陷人均发现情况
	人均发现设备缺陷及隐患数	人均发现设备缺陷及隐患数
	班组人均带电作业次数	班组人均带电作业情况
	人均抢修次数	人均抢修情况
客户服务	客户平均停电时间	用户在统计期间内的平均停电小时数（AIHC-1），衡量供电可靠性水平，反映用户平均中断持续时间
	客户平均停电次数	客户在统计期间内的平均停电次数（AITC-1），衡量供电可靠性水平，反映客户平均中断次数
	综合电压合格率	指统计期内A、B、C、D（含D类城市、D类农村）类电压监测点电压合格运行时间占比的加权平均值，指导供电系统电压控制在允许的偏差范围之内，反映供电质量

6.3.2 配电业务发展历程

配电管理水平的提升离不开计算机、自动化等技术的发展和支撑，配电的发展经历了传统人工、信息化、自动化三个阶段，正在向数字化、数智化方向迈进，配电业务发展历程如图6-24所示。

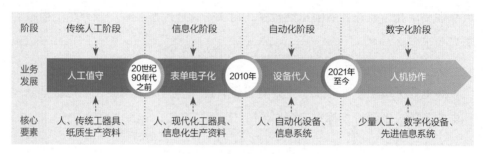

图 6-24 配电业务发展历程

1. 传统人工阶段（20世纪90年代之前）

此阶段的关键生产要素是人、传统工器具、纸质生产资料。

（1）管理特征。现场作业人员依靠观察（看设备外观、听异常运行电流声、嗅焦糊味）和传统工器具测量进行故障的识别和定位，凭借操作经验和查阅纸质资料来处理故障。人眼难以及时发现一些隐形缺陷，且发现故障后需凭借传统的工器具和设备接线图，逐一测量设备运行的各项参数来确认故障点，不仅效率低，对作业人员的经验有较高要求，而且有一定的操作风险。

（2）技术特征。传统工器具测量的参数维度少、精度低、功能单一，携带不方便；设备信息主要以台账、定值单、运行记录等进行手工记录和传递，业务信息以纸质文件进行人工传递，存在效率低下、修改困难、难以保存、沟通成本高、易产生偏差、运行状态掌握不及时、不精细、信息不对称等诸多弊端，制约了工作效率提升。

2. 信息化阶段（20世纪90年代中期）

随着计算机的普及应用，自20世纪90年代中期开始应用局域网组网技术构建企业内部的通信网络平台，配电的信息化水平也不断提升，从单体软件应用发展为信息集成应用，逐步实现了企业日常经营核心业务全面覆盖，实现从分散建设到集中建设、从局部应用到企业级应用的转变。此阶段的关键生产要素是人、现代化工器具、信息化生产资料。

（1）管理特征。随着电网的快速发展，配电设备越来越多，为提高劳动生产率、解放人力资源，配电业务开始引入信息系统，通过在信息系统统一录入设备台账信息（变压器、断路器、开关柜等）、接线信息、地理图纸信息，实现纸质资料的电子化管理，极大地方便作业人员对生产资料的查询、使用、修改、保存，提高工单流转效率，促进配电管理的提质增效。

（2）技术特征。信息系统广泛取代了纸质媒介，配电业务实现生产资料从纸质文本向信息系统迁移，有效解决了纸质文本不易保存、查询的问题。如绘图软件应用促进了配电网绘图效率和精度提升，进而将碎片化的设备信息建立联系，且易于修改、便于存储，相比独立纸质设备手册，在信息系统中可以实现"一台区一张图"，使得设备间的接线、位置、参数一目了然，极大地提高了设备信息的查询效率和故障的定位精度。

3. 自动化阶段（2010年前后）

20世纪90年代开始，国家加大对城市和农村配电网的投资和改造力度，加上计算机技术和通信技术的发展、一次设备性能的改善，以及配网自动化实施后系统的安全、经济性的提高，配网自动化系统的建设与应用显露出迅速发展的势头。南方电网公司从2008年开始，在多个城市进行了配网自动化建设试点，掀起了新一轮配网自动化建设与投资热潮。以广东电网中山供电局为例，该局分别在2000、2003年和2008年完成了配网自动化一、二、三期工程投运，并于2011年通过配网自动化系统整体实用化验收，实现了中山城镇线路环网率100%和公用10kV主干线路自动化率100%的覆盖，有效提升了供电可靠性。此阶段的关键生产要素是人、自动化设备（系统）、信息系统。

（1）管理特征。自动化装置采集和传输设备信息，代替人工发现故障、判断故障并实现故障的自动切除，实现配电系统正常运行及事故情况下的自动化管理。配网自动化在提高供电可靠性的同时减少了人工参与，在一些结构较为单一的配电主站开始出现少人值守或无人值守，进一步提高设备操作效率、提升配电运行质量、保障员工人身安全。

（2）技术特征。将通信技术与电力设备结合起来，建设了具有监测、保护、控制等功能的配电终端，如配电终端装置（distribution terminal unit，DTU）、馈线自动化终端（feeder terminal unit，FTU）、配电变压器监测终端（distribution transformer supervisory terminal unit，TTU）等，实现对设备运行状态的动态采集，可远程操作迅速隔离故障区段，减小停电范围，缩短停电时间；同时，实现了对用电负荷的监控与管理，可以合理控制用电负荷，提高设备利用率。

4. 数字化阶段（2020年以后）

南方电网公司于2019年印发了《公司数字化转型和数字南网建设行动方案（2019年版）》，提出实施"4321"工程，全面启动了公司数字化转型，并陆续发布《南方电网公司数字化转型和数字电网建设促进管理及业务变革行动方案（2020年版）》《南方电网公司"十四五"数字化规划》《关于印发南方电网公司数字生产"十四五"行动计划的通知》等文件，确定了基于南网云架构的数字配电网建设技术路线，并于2020年起全面推进数字配电网建设。此阶段的关键生产要素是少量人工、数字化设备、先进信息系统。

（1）管理特征。随着数字化技术的快速发展，高精度测量装置、可穿戴智能设备、先进信息系统逐渐在电力系统得到应用。相比自动化阶段的设备代人监测、采集、判断，数字化阶段设备不仅更好地代替了人的五官和大脑，更在设备和人之间建立了更深层次的连接，通过在设备与设备间形成联动，可以在更大范围内代替人工值守和设备检修，提前预知故障，进一步提升配电管理的效率和质量，满足未来配电建设的需求。

（2）技术特征。在数字化技术基础上发展起来的高精度采集装置、智能网关等终端设备，进一步丰富了设备运行参数的采集维度和精度，不仅能采集到低压用电设备的运行状态，还能精确采集设备运行环境的温度、湿度等。同时利用可穿戴智能设备、无人机来辅助人工作业、代替人工巡检，能更精确定位故障，自动进行故障的识别，化"被动抢修"为"主动运维"。

6.3.3　配电主要支撑系统

配电业务主要支撑系统是配电业务数字化、智能化的基础，主要包括承担实时生产业务功能及生产应用的配网自动化系统、配电域生产运行支持系统，管理配电生产业务流程的配电业务管理系统，以及提供设备运行数据和共享服务的技术服务平台等，各系统之间的关系如图6-25所示。本章主要介绍配网自动化系统、配电业务管理系统和配电域生产运行支持系统。

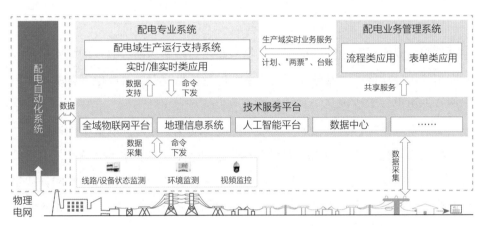

图 6-25　配电主要支撑系统

1. 配网自动化系统

（1）系统介绍。配网自动化系统是应用现代电子技术、通信技术、计算机及网络技术，将配电网实时信息、离线信息、用户信息、电网结构参数、地理信息进行安全集成，系统由主站、通信系统与各种配网自动化远方终端组成，配电通过配电终端采集一次设备的运行状态，获取线路故障信息，自动判断和隔离故障区段，迅速恢复非故障区域供电，并利用通信单元将故障信息远传至主站确定故障发生的区域和类型，实现对配电线路运行状态的实时监测和控制。配网自动化系统如图6-26所示。

系统主站自动完成配电网各种协调控制功能，为调度员提供图形化实时监控界面，是安装在控制中心内的计算机局域网络系统。作为系统的核心部分，

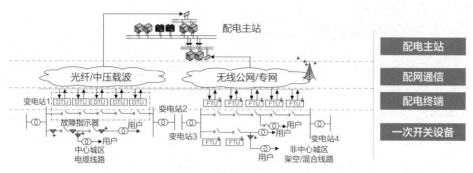

图 6-26　配网自动化系统

主站系统主要实现配电网数据实时采集与监控等基本功能，以及配电网拓扑分析应用等扩展功能，与其他应用信息系统进行信息交互，为配电网调度指挥和生产管理提供技术支撑。

通信系统是配网自动化远方终端与配网自动化主站之间的数据传输通道。

配电终端是安装在中压配电网的各类远方监测、控制单元的总称，主要采集和控制断路器、负荷开关、环网柜等配电一次设备的运行状态。配网自动化终端按照其应用场合和功能上的差异，主要划分为DTU、FTU、TTU和故障指示器四种，配网自动化终端见表6-5。

（2）应用方式。为有效提升配电网故障处置效率，减少异常停电时间和次数，在配网自动化覆盖率不断提升、配电主站建设日趋完善的基础上发展形成配电网自愈技术。配电网自愈指利用自动化装置或系统，监视配电线路的运行状况，及时发现线路故障，诊断出故障区间并将故障区间隔离，自动恢复对非故障区间的供电。配电网自愈模式主要有馈线自动化就地自愈、主站集中型自愈、主站就地协同型自愈。

馈线自动化就地自愈是指馈线自动化基于局部信息就地实现故障区域定位、隔离及恢复供电，通过变电站自动重合闸和配电终端配合完成，效率与可靠性较高，但故障恢复过程缺少主站的参与，缺乏全局性的整体协调能力，不能适应频繁变化的网络结构与运行方式。

主站集中型自愈是指利用配电主站自愈功能实现故障定位、隔离及恢复供

表6-5 配网自动化终端

配网自动化终端	应用场合	主要模块	功能	与主站的通信方式
FTU（开关型）	10kV架空线路配电网开关	主处理单元、遥信模块、遥测模块、遥控模块（选配）、液晶显示屏（选配）、电源模块、通信模块和维护接口等	采集线路的电气运行参数（开关位置、三相电流、零序电流或零序电压等），并将信息传输给主站 监视线路运行状态，当线路发生故障时，通过预先设置的保护逻辑和时间定值进行故障定位和隔离，并将故障信息上报给主站	无线公网为主
DTU（站所型）	配电房开关柜、户外环网柜	主处理单元、遥信模块、遥测模块、遥控模块（选配）、液晶显示屏（选配）、电源模块、通信模块和维护接口等	监测线路开关的位置、A/C相电流、零序电流等；在线路发生故障时，将监测到的故障信息传送给配网自动化主站，主站通过相互关联的多个配网自动化站点反馈的故障信息，判断故障区域。当配网自动化终端收到主站下发的遥控命令，对开关进行分、合闸操作，完成故障的隔离	电力光纤或无线的电力专网通信
TTU（配变型）	配电变压器、箱式变压器等变压器设备旁	主处理单元、遥测模块、控制电容器投切、液晶显示屏、电源模块、通信模块和维护接口	采集并处理配电变压器低压侧的各种电量（电压、电流、有功、无功、功率因数、电能量及状态量）等信息，并将信息向计量自动化主站系统传输	无线公网GPRS
故障指示器	电力线路（架空线、电缆及母排）	传感器、显示器	使用故障指示器，可以标出发生故障的部分。运行维护人员可以根据指示器的报警信号迅速找到发生故障的区段，分断开故障区段，从而及时恢复无故障区段的供电，可节约大量的工作时间，减少停电时间和停电范围	通信光缆

电，通过配电终端与配电主站的双向通信，实时采集的配电网和设备运行信息及故障信号，由配电主站自动计算或辅以人工方式远程控制开关设备投切，实现配电网运行方式优化、故障快速隔离与供电恢复。现阶段完全依靠主站集中控制方式实现自愈控制仍存在一定不足：①操作期间出现异常，将延迟停电时间；②仅由主站进行分析决策，时间上难以达到故障切除的快速性要求；③主站与终端的通信数据量庞大。

主站就地协同型自愈是指利用已建成的就地型馈线自动化实现故障区域定位、故障区间隔离及故障上游恢复供电，利用主站自愈功能实现故障上下游的最优供电恢复。

2. 配电业务管理系统

配电业务管理系统主要通过电网管理平台支撑，利用信息化技术对业务、管理进行管控，通过集成生产、营销、GIS和配电网OMS，再结合移动应用，实现95598、配电网调度和生产全过程协同作业，加强信息有效传递，确保供电类客户诉求及时处置，为决策层和管理层调配资源提供依据。

客户报障协同作业流程如图6-27所示，用电客户通过致电客服人员将故障信息录入营销系统，继而将故障信息报送给生产部门建立生产运行系统检修工单。工单发布后，运维班组人员可通过管理系统掌握台区设备运行状态，并开展检修。在生产运行系统的支撑下，管理人员通过移动端系统的定位功能实时掌握班组人员检修全过程位置信息，确保检修进度可控；班组人员则通过系统将故障信息和抢修进度及时、准确回传，一方面为调度人员进行故障研判、合理安排运行方式变更提供依据；另一方面为客服人员安抚用电客户、解答关

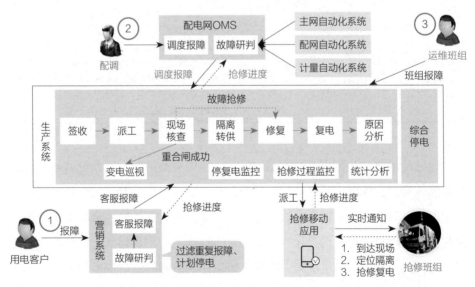

图 6-27　客户报障协同作业流程

于抢修工作的进度咨询等提供最新信息反馈，实现了营配调部门间高效协同，确保抢修工作与客户服务同时开展。

3. 配电域生产运行支持系统

配电域生产运行支持系统融合全域物联网、配网自动化、计量自动化的数据，通过构建电网运行一张图，实时监测配电网设备状态和运行风险，实现配电专业海量实时/准实时数据处理、分析和应用，支撑配电网状态可观、数据可测、风险可控，推进生产数字化业务管理提升。配电域生产运行支持系统功能如图6-28所示，该系统主要包括智能监测、智能安全、智能巡视、智能抢修指挥等应用。

智能监测应用。实现配电房、台架、架空线、电缆、新能源等设备运行状态、周边环境状态的实时采集与监测，具备配电网设备监测预警、告警发布及闭环管控的能力，支撑负荷分析管理与电能质量分析管理。利用获取的低压开关位置或故障停电告警信息触发停电事件，结合地理信息系统的沿布图进行停电范围渲染，自动生成低压停电用户数和停电用户清单，解决"电停在哪里"的问题，主动支撑停电抢修。

智能安全应用。一方面基于视频人工智能识别、智能传感等技术，实现对树障、小动物、水浸、外力破坏等安全隐患的智能管控及处理，保障隐患台账准确性、可追溯、规范化，推动做好安全风险防控，固化形成隐患跟踪闭环管控的规范台账。另一方面实现辖区内配电网作业视频监控，结合作业类别、作业环境、作业时长等因素综合分析，进行作业风险评估、开展相应的风险管控，对作业人员及时进行安全风险预警，同时支撑配电网业务工作的安全保障和安全监督管理需要。

智能巡视应用。改变传统以人工巡检为主的运维方式，借助智能传感自动感知配电网设备状态、环境安全、配电变压器负荷重过载等关键指标，按照"智能配电房、台架变、开关站、架空线、电缆线路"自由配置，支持启用/停用巡检方案，实现对配电网设备的在线监测、状态分析、故障诊断及运维措施的辅助决策。

智能抢修指挥应用。实现辖区内配电网指标、业务流程及重点任务的透明

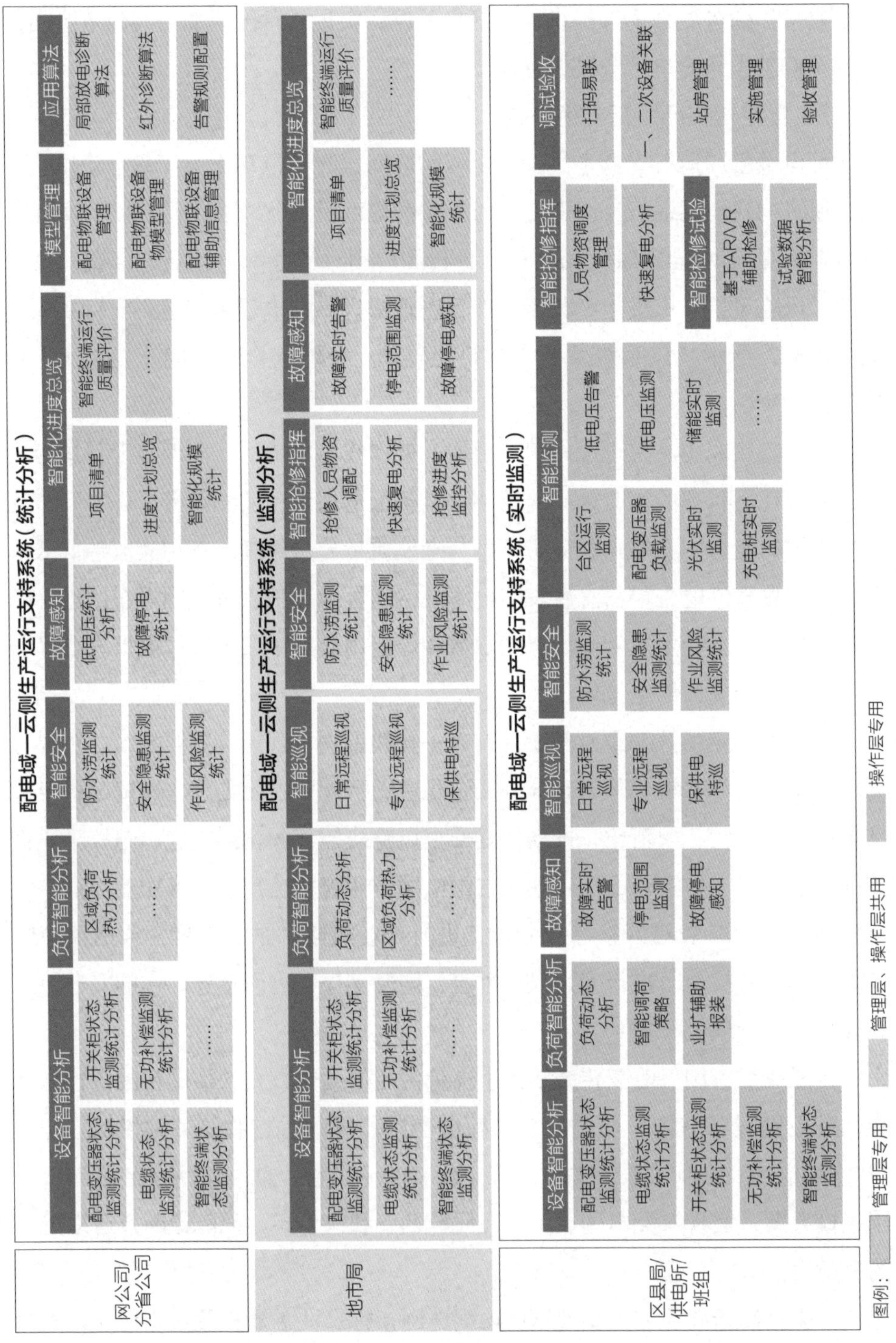

图 6-28　配电域生产运行支持系统功能

化监控等，提升运营监测分析能力，对配电网关键指标及流程实现全面管控，助力实现计划刚性管理，统筹安排施工、检修、用户申请等停电计划，辅助控制线路、台区预安排重复停电次数和临时停电。智能抢修指挥移动端的建设，具有"数据随时监测查看、告警随时查询处理、设备扫码易联调试、配网情况便捷总览"等功能，更好地贴合基层各类型生产场景的需求，实现配电网运行问题的可观可测，持续提升实用化应用水平。

6.3.4 数字配电展望和趋势

随着新型电力系统建设的推进，呈现跳跃式增长的分布式新能源（主要为光伏和风电）、分布式储能、新型负荷及各类终端电气化设备都将大规模接入配电网。配电网将逐步发展成为具有多能源汇集、传输、存储和交易功能的新型区域电力系统，作为"蓄水池"给大电网提供更多安全稳定支撑，促进分布式新能源高效并网并就地消纳，让系统更加灵活可靠高效，成为构建新型电力系统的基石，同时还承载与交通、建筑等行业互联互通。在建设数字电网的实践中，面对剧增的设备和随之带来的海量数据，以实现设备数字化、业务数字化和管理数字化为核心的数字配电网将成为构建新型电力系统的主战场。

1. 配电管理面临的新挑战

（1）多类型电力电子设备对电网稳定带来挑战。为应对分布式新能源潮流快速随机波动，以及电动汽车无序随机充放电带来的负荷不确定性，电力电子智能设备动态响应快、调节精度高，给解决配电网运行控制遇到的复杂动态稳定问题带来了新手段。

（2）配电数字化监测和运维能力亟须提升。传统配电网监测通过各类传感器、操动机构将采集到的数据送至设备监控系统进行处理、分析、控制，设备数据大多情况下未互联互通，难以实现监测数据的融合，导致众多需要关联分析的结果丢失，造成配电网设备态势感知欠缺的问题。同时，传统配电网运维以人工巡检为主，手段单一，"以抢代维、不坏不修"等被动运检方式较为普遍，而随着配网自动化设备终端数量的逐年增加，以及配电网自愈功能等对配电设备终端运行状态的要求不断提高，缺乏智能化运维手段会给生产人员带来更大的压力。

（3）配电网数据处理能力亟须提升。新型电力系统下，海量设备接入配电网的同时，需安装数量庞大的智能终端用以对分布式能源监控。未来10年，预计数百万个分布式光伏、储能节点，以及1亿个充电桩需要电力联网，数亿的传感设备需要信息联网。为实现新型配电网的全景状态可观、可测、可控，需提升对运行产生的海量多源异构数据的采集、传输、存储、分析能力。

2. 数字配电发展方向

（1）未来配电网的典型特征。未来数字配电的建设，一方面要满足供电需求，提高供电可靠性；另一方面要提升智能化水平，满足分布式电源和多元负荷的灵活接入要求，促进分布式能源的广泛消纳和高效利用。

数字配电应具备可观、可测、可感知、可展示的透明型配电网特征，同时具备可控、可算、可分析的智能特征，具备自愈保护、故障快速隔离、设备状态监测、环境安防监控、边缘计算、就地及远端策略等新型能力，满足社会生产和生活智慧用能需求，提高电网供电可靠性、电能质量和服务水平。

（2）智能化设备监测和运维需求剧增。新型电力系统下，随着分布式光伏、储能、电动汽车等用户侧可控资源以及智能化设备的快速增长，低压配电网可控元素越来越丰富，可调节性越来越大。对配电网技术提出更高要求：更全面——需要对运行环境、电网状态和用电信息等数据全采集和全掌控；更快速——需要采集周期颗粒度更小乃至实时数据；更精准——发挥智能终端设备边缘计算能力对数据进行精准处理。数字配电技术发展呈现以下趋势：

1）融合共享，互联互通。推动计量自动化、配网自动化、智能电房监测等多业务数据采集终端的融合，实现一处采集、多处应用，强化营配调信息数据共享，为数字电网筑牢坚实基础设施底座。

2）软硬解耦、灵活扩展。"边、端"层各类智能化设备的总体演进趋势是"硬件标准化、软件个性化"，一方面需要进一步统一各类终端采集控制设备的硬件外观、接口尺寸，降低调试、运维成本；另一方面通过软硬解耦，破除硬件厂家的技术壁垒，满足应对新型电力系统各种新增设备和新业务灵活拓展的需求。

3）安全可控、生态开放。依托自主可控电力专用芯片，构建全域安全防护体系，将安全策略与措施延伸拓展至边缘物联代理，实现对各类新型智能设备接入后的安全防御，进一步构建新型电力系统下多种新型业务所需的可信环境。

（3）数字配电技术架构。基于南网云和全域物联网平台建设的现代化数字配电系统架构主要分四层，包括应用层、平台层、网络层、感知层，如图6-29所示。

1）感知层。围绕中低压各类传感器终端安全、规范、经济、稳定接入的目标，探索将配网自动化终端、计量自动化终端以及现代化配电房（包括台架）终端接入，并在配电智能网关开展容器化、一体化的融合装置关键技术应用。

感知层由三类设备构成：①配网自动化终端（DTU、FTU），采集中压配电网的电压、电流、开关位置及保护动作等信息；②配电智能网关，采集配电房低压出线分支电流、电压、设备状态、环境等信息；③计量自动化终端（TTU、负控终端、集中器、采集器）和智能电能表，采集各类计量点的电量和电气量数据。配网自动化终端采用光纤或无线公网的通信方式将数据上送至配网自动化主站，计量自动化终端采用无线公网的通信方式将数据上送至计量自动化主站，配电智能网关通过内部专网或无线公网的通信方式将数据上送至全域物联网平台。

2）网络层。充分考量目前在光纤、载波、无线公专网、Lora的应用经验，以及5G通信技术，差异化、多种组合等方式优化通信方式，提升对传感终端信息采集、上送的效率和稳定性，支撑业务应用对配电网透明化的应用通信通道需求。

采用4G、5G、低功耗无线通信、WAPI、微功率无线、光纤通信等技术，通过配电智能网关实现对电网状态的全面实时感知，支撑属地化的实时操作和业务响应，促进云边端的全面协同；对外跨越物理电网边界，极大地丰富数据采集来源，为实现电网价值链的延伸提供有效手段。智能配电网关和其余智能终端，通过光纤、4G与5G无线网络等实现数据传输全域物联网平台，确保信

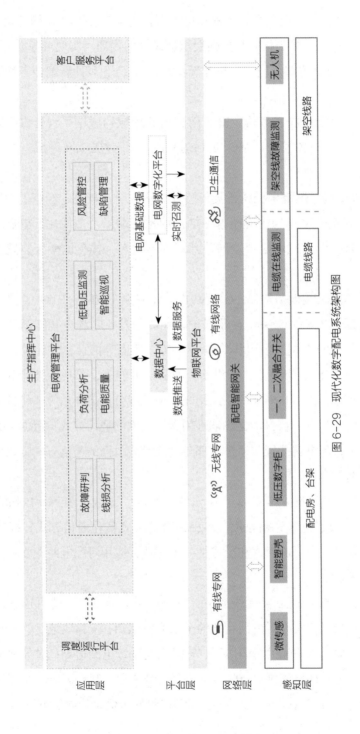

图 6-29　现代化数字配电系统架构图

息安全、网络安全。

3）平台层。解决纵向网省地、横向营配调的数据共享应用问题，统一接入数据的模型、专业间数据的协同、各层级数据应用供给，并应用全域物联网统一接入、云平台统一部署存储计算资源、数字电网平台统一模型、拓扑、台账的协同能力，为应用决策层提供信息基础支撑。

4）应用层。贯通营配调专业支撑信息系统的数据流、业务流，充分发挥统筹管理的优势，通过汇集各专业管理信息成果，搭建支撑管理决策分析、电网透明可视化、作业风险可视化的决策平台，能够为网省地县所各级专业人员应用需求以及二次分析提供支撑。

6.3.5 数字配电典型应用场景

1. 贵州凯里麻江透明配电台区

贵州凯里麻江透明配电台区示范工程通过智能化改造，实现低压台区"变—线—表区—用户"各节点电气量、设备状态量、运行环境量、电能量等全量数据的实时监测和融合应用。同时，通过结合硬件的改造、升级和优化，开展数字配电实时监控系统平台的优化开发与深化应用，推动配电网实时数据与客户服务、电气设备的互联互通，无缝链接安全生产和优质服务；开发智能运维、智能生产、智能营销、智能服务的实用工具，有效支撑配电网电气运行监控、故障精准定位隔离、漏电预警及保护、三相不平衡智能调节、用户智能用电设备监测等业务，麻江透明配电台区示范试点如图6-30所示。

麻江透明配电台区示范工程投运后通过4A平台接入配电域生产运行支撑系统及手机端App系统，借助智能网关边缘计算处理设备状态等数据，可过滤掉设备正常状态下的现场巡查工作需要，对设备状态异常告警等信号做出及时响应，可开展靶向消缺检修，有效减少人工巡查12次/年，相当于节省运维人力24h/年（低估值）。改造完成后，运维巡检人员投入下降66%，故障停电时间从5h/次下降至1.5h/次。降低人工运维强度、运维成本，使管理更高效。

智能配电房自2018年在南方电网五省区进行规模化推广，现有待建项目约30000多项，已建成并接入生产运行支持系统的有9000多座，且数量继续增

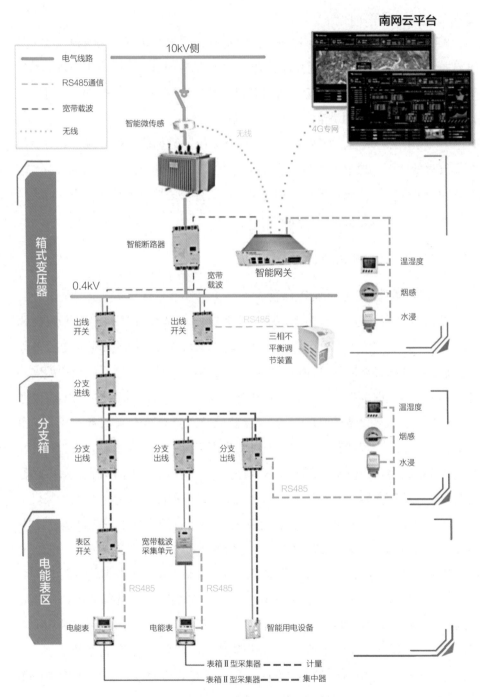

图 6-30　麻江透明配电台区示范试点

加，有效实现物联网在配电网管理中的深入延展应用，实现配电房的"透明化"管理，提升精益运检水平，助力打造"安全、经济、高效、智能"的新型配电网。

2. 珠海"互联网+"智慧能源运营管理平台

珠海"互联网+"智慧能源运营管理平台是国家首批"互联网+"智慧能源示范项目。该平台以"提升终端能源利用效率、创新能源服务模式"为目标，覆盖供电、供水、燃气等各类综合能源信息，支持新能源接入、用户信息智能管理等综合能源运营管理，珠海"互联网+"智慧能源运营管理平台示意图如图6-31所示。

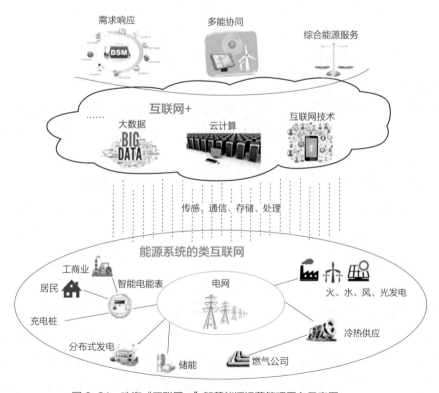

图 6-31 珠海"互联网+"智慧能源运营管理平台示意图

该平台按物理层、信息层、应用层三层建设。物理层，在唐家科技园区建设柔性交直流混合配电网、在横琴自贸区建设高可靠性交流配电网，解决了能源互联互通、配电网智能高效的问题。信息层，面向全市部署智慧能源终端和多元通信网络，建设智慧能源大数据云平台，解决了各类资源信息互联及海量数据融合的问题，同时为各类市场主体提供了共享互动平台。应用层，面向横琴自贸区实现多能协同运营，支撑全市实现基于互联网理念与技术的分布式资源管理、适应市场机制的需求响应和智慧用能服务，通过运行机制创新，解决各类能源资源协同互动问题，并开展互联网化商业模式创新应用，通过市场化手段协调综合能源供需平衡问题。

3. 松山湖能源互联共享平台

松山湖能源互联共享平台是广东电网东莞供电局探索数字化转型、建设新型电力系统、构建智慧能源生态而建设的数字化应用和展示平台。该平台对内支撑业务数字化转型升级；对外提供覆盖能源生产、运营、服务、交易的全环节互联共享应用，构建数字驱动、多方参与、多能互补的能源生态圈。松山湖智慧能源生态系统采用"1+N+1"顶层设计，1张可靠电网、N个示范项目、1个能源互联共享平台，松山湖智慧能源生态系统"1+N+1"顶层设计示意图如图6-32所示。

能源互联共享平台采用物理层、接入层、信息层、应用层四层技术架构，为兼顾能源调控业务的稳定性以及能源服务业务的灵活性，采用"稳态+敏态"的双模IT架构，在接入层部署边缘计算能力，信息层基于通用能力中心、应用层采用松耦合的微服务技术架构。

该平台已接入东莞市570个充电站、3013个充电桩，6326个光伏站点；同时平台可调控资源能源站1组、光伏站6个、储能站12个、充电站2个、柔性负荷3个、微电网4个，形成10MW的虚拟电厂参与实施需求侧响应；在泛松山湖区域已实现68个智能配电房、212条低压线路、7080户用户的实时监控。通过平台的用户智慧用能服务，提升用户综合能效3% ~ 5%；通过运行数据监测、视频数据调取等数字化手段，将台区配电房的巡视效率提升4倍。通过该项目建设，为区域电网的数字化转型、前沿技术发展和关键技术国产化提供参考，并形成一套区域能源生态圈构建方案，为各类工业园区、社区的能源信息共享、协同优化、价值挖掘提供一种可行的运行模式。

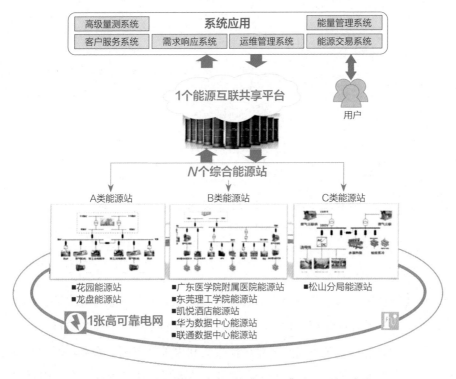

图 6-32　松山湖智慧能源生态系统"1+N+1"顶层设计示意图

6.4　数字生产系统

数字生产系统按照其功能可以划分为生产指挥中心、生产业务管理系统、生产专业系统和技术服务平台，数字生产系统关系如图6-33所示。

生产指挥中心主要集成全景展示、专业场景集成展示及穿透指挥类应用，实现生产管理全面穿透，支撑各级生产管理业务。生产指挥中心应用包括电网风险情况、设备运行管控、项目全过程管控、作业风险监控、防灾减灾应急、

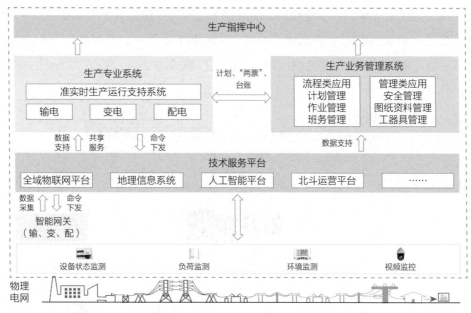

图 6-33　数字生产系统关系

智能作业等功能。网、省两级生产指挥中心侧重支撑生产业务的决策、指挥与后评价，地、县两级生产指挥中心侧重生产业务的监视、分析与执行。

　　生产业务管理系统主要集成生产流程类和表单类应用，服务电网生产业务管理。生产专业系统（生产运行支持系统）主要承担生产实时业务，包括状态感知、运行分析、辅助控制等功能，并与电网管理平台协同支撑生产管理业务。其中生产专业系统、生产业务管理系统协同完成生产业务闭环，共同支撑生产指挥应用展示及管理穿透。技术服务平台包括全域物联网平台、地理信息系统、北斗运营平台、数据中心等通用类平台，提供中台化共享服务。全域物联网平台具备支撑输电、变电、配电等专业终端统一接入、统一管理能力。本节将重点介绍生产业务管理系统、全域物联网平台和地理信息系统。

6.4.1　业务管理系统

　　生产业务管理系统（电网管理平台）应用功能架构如图6-34所示。生产业

图6-34 生产业务管理系统（电网管理平台）应用架构

务管理系统（电网管理平台）以保障生产各项业务流程正确流转为目标，通过
"计划+表单"的模式，为生产人员提供"两票"管理、缺陷管理、差异化运
维和规范化检修等业务的流程化应用。生产人员可以通过平台编制作业计划，
形成业务工单，后续对工单进行分类细化、跟踪协调和闭环管控。

　　生产业务管理系统（电网管理平台）主要包括设备资产绩效评价管理、运
行管理、设备维修管理、技术管理、生产项目管理5大功能板块。其中设备资
产绩效评价管理模块主要包括设备运行评价管理、设备台账管理、电子化移
交、实物资产绩效评估、输变电可靠性管理等应用；技术管理模块主要包括技
术监督管理、技术标准管理、反措管理等应用；运行管理模块主要包括"两
票"、工器具、运行日志、运行资料、班组管理等生产运行管理应用；设备维
修管理模块主要包括缺陷、维护检修、不停电作业、防灾、隐患等管理应用；
生产项目管理模块主要支撑项目投资和执行。

6.4.2 全域物联网平台

全域物联网平台具备千万级终端管理能力，汇集了海量终端、设备数据，实现物联终端设备即插即用、数据互联互通、信息安全可靠上送，全面支撑数字生产建设。平台基于数据在采集、传输、存储、共享等各个环节上的标准统一，构建数字电网物联标准体系，实现"数据互联共享、设备全面监控、业务智能决策、人员提质增效"。主要体现在以下方面：①统一物联网技术架构，消除"烟囱"和信息壁垒，实现"终端能接入、状态能监测、信息能流转、业务能应用"；②统一通信协议标准，针对各种终端设备连接标准不统一、现场接入调试复杂、运维人力成本高等问题，规范智能网关各功能模块的接口协议，推进智能网关南向设备统一连接标准的建立，提升各终端设备接入的便捷性和规范性；③统一物联网数据模型，打造全网统一的终端物模型库，实现对发电、输电、变电、配电等领域终端物模型的统一管理和维护；④统一物联网安全防护，采取安全接入区和正反向隔离措施等安全保障，开展全环节全链路安全监测。

全域物联网平台通过云边协同和边缘计算技术，实现数据就近供给，按需部署视频流媒体边缘加速节点，强化终端视频服务能力，为生产各业务场景提供高效实时数据输送。物联网平台支撑业务如图6-35所示。

输电领域。主要支撑通道监测和无人机巡检等业务场景需求，接入输电智能网关和传统各类输电监测主站系统的数据，为数字输电提供数据支持。平台接入视频主站、故障定位主站、覆冰主站、微气象主站、山火主站、电缆环流主站、导线测温主站、地质灾害主站等系统。

变电领域。支撑设备状态监测、变电站运行环境监控、设备操作、设备巡视和作业管控等业务场景需求。变电站内的各类监测、监控数据将通过站内智能网关上送至物联网平台，实现数据汇聚、融合共享，为业务赋能。物联网平台接入二区智能网关汇集的故障录波、在线监测、数字化表记、电能质量监测等装置数据。平台的视频流媒体服务模块接入机器人/无人机、视频监控、动环监控、电子门禁、火灾消防等智能终端的图片和视频类数据。

图 6-35　物联网平台支撑业务

配电领域。支撑配电站和开关站运维,台架变压器监测、电缆监测、架空线监测、户外设备设施安全隐患监测等业务场景。物联网平台通过对智能网关采集上传的电气量和非电气量数据汇总融合,为生产业务提供数据支撑。智能网关汇集了部署在配电站和台架上的电压、电流等电气量采集终端,以及视频、环境、温度和湿度等非电气量采集终端,实现对变压器、开关柜、配电网线路等设备运行数据等实时监测。

6.4.3 地理信息系统

1. 系统功能介绍

地理信息系统是支撑空间信息的数字化管理技术系统,在计算机软硬件支撑下完成对特定空间地理数据信息的采集、存储、管理、分析、显示、描述等工作。在电网管理中,该系统能够有机整合图像、位置等信息源,针对配电网设备多、分布面积广的特点,以可视化方式在地图上呈现电力设备线路、图像、属性等数据。融合矢量图、栅格图等实现拓扑关系自动生成,支持输电线路电路图、工程图、结构图、扫描文件等资料的绘制,能完成涉及地理信息诸多要素的数据分析,并经计算机系统实现屏幕显示、绘图打印等功能。地理信息系统地理拓扑如图6-36所示。

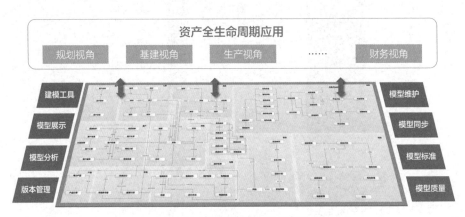

图 6-36 地理信息系统地理拓扑

地理信息系统具备对电网资源数据的二、三维多种图形表达形式，融合设备、用户、班组、物资等信息，基于通用高精度地图数据，构建具有电网特色的移动端专业地图，将沉淀的业务数据进行位置化表达和展现。地理信息系统提供地名、地址、设备和用户的可视化搜索、定位以及导航等329项服务和组件，结合电网资源拓扑分析、台账查询、空间分析服务，实现业务数据可视化。地理信息系统功能示意如图6-37所示。

图6-37 地理信息系统功能示意

在全域电网资源数据的统一维护入口的基础上，沉淀电网资源相关共享服务，为电网管理平台等各业务域提供统一的服务支撑，支撑资产全生命周期中数据在不同业务域流转，确保账卡物一致。地理信息系统业务协同如图6-38所示。

2. 典型应用场景

以南方电网公司为例，从模型描述、孪生构建、共享服务、动态计算和应用等方面开展体系化的关键技术研究，以地图为入口，融合地理、物理、管理数据，基于时空位置能力，整合资源、开放共享，建立"静态+动态+多时态"的数字孪生电网时空服务平台——南网智瞰，实现南方电网公司源网荷储全管理、实时数据全接入、高清地图全覆盖、业务信息全贯通。

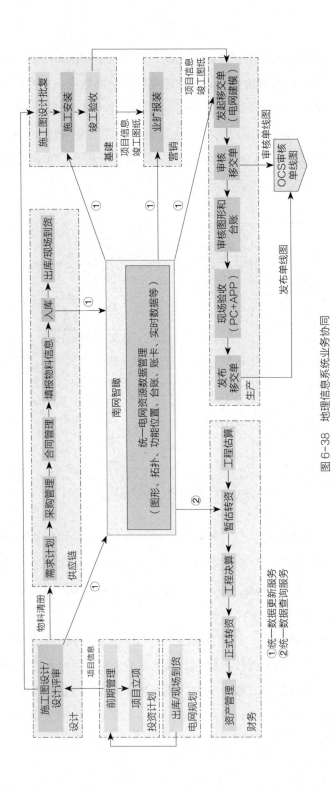

图 6-38 地理信息系统业务协同

源网荷储全管理。以南网智瞰平台为例,已经实现1.2亿台设备设施统一管理,涵盖发输变配用、调度计量自动化、物联网智能传感、综合能源、新兴产业等业务环节。系统通过电子化移交进行数据的更新与维护,采用轻量化图形建模,支持客户端,台账、图形拓扑、功能位置等信息在线一步建立,线路生成速度提升36倍,数据存储空间占用降低至原来的0.5%,提升业务协同能力,彻底解决生产、GIS不一致现象。

高清地图全覆盖。南网智瞰基于二、三维数字孪生镜像,融合基础地理信息、实时运行数据,实现精准映射、虚实交互,打造形成覆盖南方电网五省区近100万km²的电网生产高精度地图。南网智瞰支持线路直观观测,可以浏览±800kV昆柳龙直流输变电工程三维数字化情况,既可以观测西电东送800kV到用户400V的全电压等级设备,也可以快速进行设备数据的层层获取,精准定位用户地址。基于南网智瞰,广东电网在国内率先实现省级区域输配电机巡全覆盖,无人机智能巡视110万km;海南电网有限责任公司(简称海南电网)完成220kV大英山数字孪生变电站及运营管控平台大屏可视化建设。

7

市场营销
数字化转型

7.1 电力营销概述

7.1.1 电力营销基础概念

电力营销指的是电网企业在不断变化的市场环境中，以满足电力客户需求为目的，为用户提供电力产品及相应服务的业务活动，是电力从生产到消费的最后一个环节。由于电力商品具有很强的基础性和公益性，传统电力营销的核心和重点是确保用户无差异、无歧视地接入电网，及时满足用户的用电需求，严格执行国家关于供电服务的监管标准和价格政策，将用户对供电质量、供电可靠性的相关诉求及时传递至电网内部各生产运行环节，不断提升供电服务的整体水平，为社会经济发展和人民生活需要提供基础保障。

7.1.2 电力营销基本业务

传统电力营销业务主要涵盖电力产品的购和销两个环节。近年来随着电力市场化改革的不断深入，传统购售电管理模式也在不断发生变化。总体来看，电力营销的基本业务主要划分为营业管理、服务管理、综合管理、电能计量管理和电力市场管理五大板块，电力营销业务分类如图7-1所示。

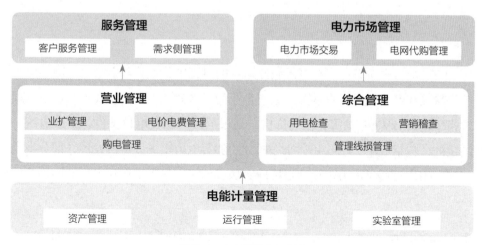

图 7-1　电力营销业务分类

1. 营业管理

营业管理直接反映电力销售状况和经营成果，是电力市场营销的核心业务，包括业扩管理、购电管理、电价电费管理等。其中，业扩管理主要实现与电力客户建立供用电关系；购电管理主要实现与发电企业建立购电关系；电价电费管理则是回收电力销售收入、兑现经营成果的重要环节。这几个业务共同构成了营销业务流程的核心过程。

（1）业扩管理。业扩即"业务扩充"，指从受理客户用电申请到与客户正式签订供用电合同的业务全过程，包括新装、增容、变更用电❶等业务，是供电企业与电力客户建立供用电关系的第一步。业务扩充的流程包括从业务受理到业扩归档，如图7-2所示。

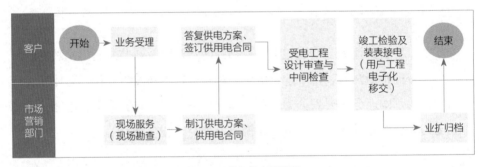

图7-2 业务扩充的流程

（2）电价电费管理。在电网企业运行的过程中，电价电费管理反映出电力销售状况和经营成果，直接关系电网企业的经济效益，具有重要意义。电价通常指每消耗1kWh电量所支付的价格，是根据政府相关电价文件，由政府统一制定的，包括成本、税收和利润三部分。随着电力市场改革的发展，部分发电厂和大用户可通过电力市场的报价确定购售价格。根据电能从电厂流向用户的

---

❶ 新装是指电力客户首次申请用电；增容是指在原约定用电容量的基础上增加新的用电容量；变更用电是指改变供用电双方事先约定的用电事宜。

过程，可将电价分为上网电价、输配电价、销售电价、政府性基金及附加，电价类别如图7-3所示。在电价电费管理过程中，销售电价确定后，需要对电费进行抄核收管理，以实现经营成果的兑换。电费抄核收管理是为了准确、及时收回电费开展的一系列工作，包括抄表管理、核算管理、收费管理等，电费"抄核收"核心业务流程主线如图7-4所示。

上网电价（发电环节电能生产成本） ＋ 输配电价（电的"运费"） ＋ 政府性基金及附加 ＝ 销售电价（终端用户支付价格）

图 7-3　电价类别

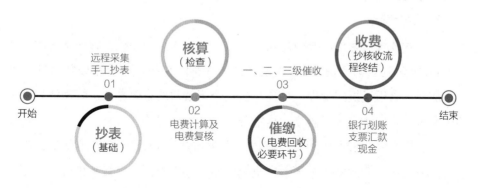

图 7-4　电费"抄核收"核心业务流程主线

（3）购电管理。购电指的是供电企业向区域内（省内）发电企业以及其他交易主体购买电力电量的行为，主要包括编制年度购电计划、安排各发电企业发电、与发电企业进行电费结算等业务内容。

2. 服务管理

服务管理是以客户需求为导向，为客户提供相关服务的业务，包括客户服务管理、需求侧管理。这类业务的特点是面向客户，与客户产生直接联系。其中，客户服务管理属于基础服务；需求侧管理属于增值服务。

（1）客户服务管理。电网企业在对外提供电能商品的过程中，要通过优质的服务不断提升客户的满意度。为了满足客户需求，需要主动响应客户在用电过程中产生的停电、故障处理、电费缴纳等诉求，这是客户服务的主要内容。通常情况下，客户服务包括服务渠道管理、客户关系管理、客户停电管理等部分。随着互联网技术的发展，客户服务渠道已从实体营业厅、呼叫中心扩增了网上营业厅、微信服务号、支付宝服务号等互联网渠道。

（2）需求侧管理。电力需求侧管理是指电网企业采取削峰填谷、电价激励等措施，提高终端用电效率、优化用户用电方式，以实现改善电网的负荷特性、节约用电所进行的用电管理活动，包括客户能效管理、有序用电管理、需求响应管理（即负荷管理）等。其中，有序用电作为电力需求侧管理的一种特殊形式，主要任务是在电力供需矛盾突出的情况下，采用行政管理手段改变用户用电方式和行为，以维护平稳的供电秩序。

3. 综合管理

（1）管理线损管理。线损是衡量电力生产技术水平和经营管理水平的主要综合技术经济指标，包括管理线损和技术线损。在技术线损难以降低的情况下，加强对管理线损的管理，是提高公司经营效益的有效方法。管理线损管理的内容包括管理线损统计监测、异常分析、异常处置等。

（2）用电检查和营销稽查。合称"内稽外查"，主要工作内容是对供电企业内部办理用电业务的各个环节中出现的不规范事项进行监督和检查（内稽）及对客户侧的安全用电和是否违约用电进行检查（外查）。

4. 电能计量管理

电能计量是采用电能计量装置对发电量、厂用电量、供电量、线损电量和客户用电量进行准确测量的过程。其中，电能计量装置是记录客户在一定时间内使用电力电量多少的专用度量衡器，相当于电力企业的一杆"秤"。电能计量管理就是对电能计量装置使用全过程的管理，包括对电能计量装置的采购、检测检定、仓储配送、安装验收、现场检验、变更、故障缺陷、运行的管理，其目的是为了确保电能计量装置的准确可靠及稳定运行。

5. 电力市场建设与电网代购管理

2015年，电改9号文❶的发布预示着新一轮电力体制改革的启动，电力市场化进程加快，煤电和工商业大用户逐步参与到电力市场交易中，通过竞价等方式确定合同价格和电量。电力市场建设包括市场管理、交易组织、市场结算、合规及风险管理四项业务。随后，国家发展改革委先后印发1439号文和809号文❷，要求取消工商业目录销售电价，推进工商业用户全部进入电力市场，按照市场价格购电；同时，还要求对暂未直接从电力市场购电的用户由电网企业通过场内集中竞价或竞争性招标方式进行代理购电（电网代购电）。代理购电的开展，意味着电力市场化改革将进一步加快。

7.1.3 关键评价指标

根据电力营销业务的分类，可将电力营销业务的关键评价指标分为营业管理类、客户服务管理类、综合管理类、电能计量管理类、电力市场管理类等五类业务指标，具体见表7-1。

表7-1 电力营销业务关键评价指标

类别	指标名称	指标说明
营业 管理类	售电量	供电企业销售的电量，包括当期所有抄见售电量
	电费差错率	在抄表、核算、收费过程中出现错、漏现象，造成电量多计、少计或漏计，进而造成多收、少收或漏收的电费与应收电费的百分比
	电子化结算率	统计期内电量通过计量自动化系统采集用于电费结算户数占总户数的比例
客户服务 管理类	第三方客户满意度	通过第三方满意度调查公司调查客户的满意程度
	百万客户投诉率	每百万电力投诉客户的有效投诉次数
	获得电力指数	国家营商环境评价指标体系中，评价获得电力水平的一项指标

❶ 电改9号文：《关于进一步深化电力体制改革的若干意见》（中发〔2015〕9号）。
❷ 1439号文：《关于进一步深化燃煤发电上网电价市场化改革的通知》（发改价格〔2021〕1439号）；
809号文：《关于组织开展电网企业代理购电工作有关事项的通知》（发改办价格〔2021〕809号）。

续表

类别	指标名称	指标说明
综合 管理类	线损异常率	线损异常的线路或台区占对应线路或台区总数量的比例
	营销业务差错率	统计周期内在线稽查中判定有效异常数量占发现异常总数量的比例
电能计量 管理类	智能电能表覆盖率	智能电能表覆盖情况
	低压集抄覆盖率	已安装低压集抄台区的低压客户占所有低压客户的比例
	自动抄表率	计量自动化终端自动抄表用户占总用户比例，按用户类别分为变电站、电厂、专用变压器用户、公用变压器台区、低压集抄用户
电力市场 管理类	市场化平均售电单价	市场化售电收入与市场化售电量的比值，反映市场化售电价格水平
	市场化交易电量占比	省内市场化交易电量占省内售电量的比重
	市场化电费	市场化交易对应的电量电费

7.2 电力营销发展历程

随着信息技术的快速迭代以及电力营销理念的不断升级，电力营销业务及相关技术也在不断发生变化。总体来看，电力营销信息化的发展大致可分为四个阶段，电力营销信息化发展历程如图7-5所示。

图7-5 电力营销信息化发展历程

7.2.1 第一阶段（20世纪90年代之前）：人工作业

（1）业务特征。电费抄核收。在电力生产的起步阶段，电力供应严重不足，电力营销的主要目的是保证电能供应的同时，准确计量电费并回收。这一阶段，电力营销的核心业务是电能计量、电费计算及电费回收。

（2）技术特征。人工抄表，手工核算录入。

7.2.2 第二阶段（20世纪90年代）："电算化"时代

20世纪90年代是营销信息化的重要起步时期，这一时期出现了一系列重大技术应用革新，对业务和管理模式都带来了质的飞跃。20世纪90年代后期，营销管理信息化、计量自动化进入快速发展阶段，技术进步成为支撑营销发展的重要驱动力。

（1）业务特征。20世纪90年代末，电力用户规模激增，原有以手工为主的管理模式严重制约营销业务工作效率，供电企业迫切需要提高电费抄核收各环节的管理效率，减少业务差错，防范"跑冒滴漏"等异常现象。

（2）技术特征。随着PC电脑和Windows98系统的普及，计算机技术应用逐步从自动控制领域延伸至管理领域，营销进入"电算化"时代。基于客户机/服务器（client/server structs，C/S）架构的营销计费系统开始在供电企业广泛应用，主要功能包括管理客户基础台账数据、辅助人工核算电费等。这一系统的应用实现了数据处理的自动化，解决了人工算费耗时耗力、准确性不高的问题。同时，电能计量技术也取得较大突破，机电一体式电能表开始逐步取代传统机械式电能表，抄表员可以借助电子抄表器辅助抄表，这一转变也为后续智能电能表的发展奠定了技术基础。营销计费系统和电子计量表是电力营销发展史的一次重大技术革命，它不仅是企业管理发展的现实需要，也是技术进步的必然结果。

7.2.3 第三阶段（2000—2010年左右）：信息化大发展时代

（1）业务特征。随着电力体制改革的持续深化，电网企业内外部环境发生了深刻变化。电网企业从传统生产型企业向服务型企业转型，"以客户为中心"的营销理念逐步形成，客户服务工作的重要性日益突出。国家电力公司在2001年向信息产业部申请以"95598"作为全国统一供电服务热线，标志着电力营销业务的第一次重大转型，电力营销实现从单一的内部经营核算单元向对外服务延伸。

（2）技术特征。互联网技术的发展，推动营销管理系统从C/S架构逐渐演变为浏览器/服务器（browser/server，B/S）架构，且系统功能从简单的电费核算逐步扩展到业扩报装、客户服务等其他功能模块，同时各地电网公司也陆续完成了95598客户服务系统的建设。2009年之后，电能表进一步迭代为智能电能表，增加了多功能、多费率、预付费、通信与自动抄表等诸多功能，同时抄表员采用"红外"抄表器，对电能表进行点对点读数，工作效率大幅提高。

7.2.4　第四阶段（2014年以后）：从信息化到数字化跃升阶段

（1）业务特征。随着各业务信息系统的快速发展，不同业务系统之间的集成、流程协同、数据共享日趋重要。"十三五"期间，两大电网公司和发电集团纷纷启动企业级信息系统建设。其中，南方电网公司从2015年开始启动"6+1"企业级信息系统建设，重点是通过一体化系统的建设，实现管理标准和业务流程的统一，由此初步实现业务的横向贯通和协同，为后期数字化转型奠定了基础和条件。

（2）技术特征。此阶段，营销信息化系统逐步增加了购电管理、需求侧管理和电力市场管理等模块，在购电侧实现了电子化自动结算；同时，通过全面推广智能电能表和计量自动化系统的建设应用，南方电网公司在2019年实现智能电能表和低压集抄"两个全覆盖"，抄表员正式退出"历史舞台"。"两覆盖"不仅解放了抄表人力资源，而且可以对线损、台区末端电压等各项指标监测提供及时、准确的数据支撑，协助解决低压配电网低电压、重过载、频繁停电等电力供应的突出问题，满足群众从"用上电"到"用好电"的需求。"两覆盖"的完成，也为电力大数据的挖掘和深化应用提供了基础支撑，是电力营销从信息化到数字化的重要发展里程碑。

7.3 数字营销支撑系统

围绕电力营销的业务板块，营销领域已建成平台类系统、流程类系统和自动化类系统等多套应用，分别用于为客户提供服务、对营销业务进行管理、支撑电力交易工作开展以及对电量数据进行远程自动采集等工作，营销系统关系及业务支撑情况如图7-6所示。

营销管理系统是对营销业务进行管理的平台，不仅汇聚了其他系统的电量数据和业务诉求信息，而且向其他系统同步了营销管理系统的相关数据。客户服务应用则是受理客户业务申请的入口，也是为客户提供服务的互联网渠道。该应用将受理的业务申请信息及客户相关信息传输到营销管理系统，同时从营销管理系统中采集电费查询等信息，用于支撑客户服务。计量自动化系统是对电量数据进行远程自动采集的系统。该系统将采集到的计量表计传输到营销管理系统，同时将营销管理系统中的用户档案信息同步到计量自动化系统。统一电力交易平台是支撑市场主体进行电力市场化交易的平台。该平台与营销管理系统进行市场化电量与市场化交易结果的信息共享，用以支撑电力市场的平稳运行。

7.3.1 营销管理系统

营销管理系统是针对营销业务开发的一套支撑营销业务和客户服务高效运转、实现营销业务标准化及流程规范化的管理系统，主要用于支撑客户管理、电费抄核收、客户服务等业务。营销管理系统结构如图7-7所示。

1. 营销管理系统的核心模型

为了解决电力客户关系与服务关系的复杂性，营销管理系统构建"三户模型"作为客户管理的核心模型，支撑客户关系管理及服务管理等工作。

"三户模型"包括客户、用户和结算户。客户是指可能或已经与供电企业建立供用电关系的个人或单位，主要记录用户的社会属性；用户是指依法与供电企业建立供用电关系并签订供用电合同的单位或个人，主要记录用户的业务属性；结算户是指与供电企业建立电费结算关系的组织或个人，主要记录用户

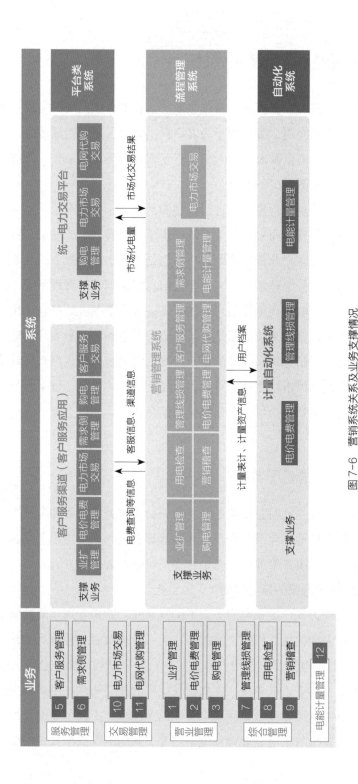

图 7-6　营销系统关系及业务支撑情况

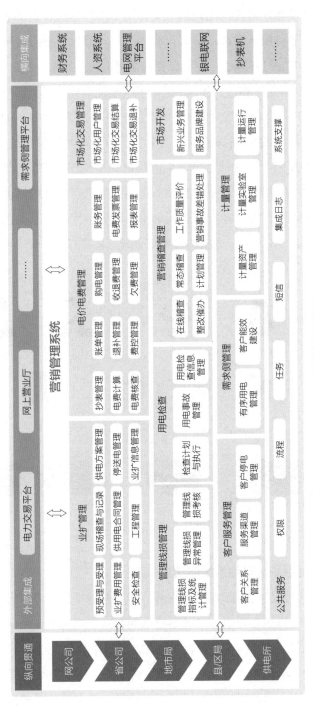

图 7-7 营销管理系统结构

的账务属性。对于客户来说，用户编号主要用于办理办电、查询电费、缴费等业务，结算户号主要用于缴费。结算户和用户之间通过计量点进行关联。

"三户模型"如图7-8所示。例如，张先生拥有A、B、C、D四套房产（A租给王女士、D租给李先生和肖先生）。根据用电地址不同，四套房产分别对应四个用户。王女士直接向供电局缴纳A住宅产生的电费，即为A住宅的结算户；张先生直接向供电局缴纳B住宅和C商铺的电费，即为这两处房产统一的结算户；李先生和肖先生按照不同的计量点分别向供电局缴纳D厂房的电费，李先生和肖先生即为D厂房的结算户。"三户模型"把不同用电点的基础信息、业务信息进行了全面关联记录，为大客户分析、集中结算等个性化服务提供支撑，解决了集团客户、业主与租户对于缴费的合并与分开、发票打印等疑难业务的问题。

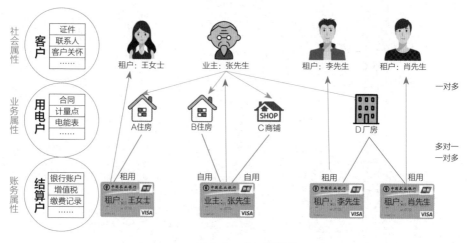

图 7-8　"三户模型"

2. 营销管理系统与其他系统的集成关系

由于电力营销是链接外部客户与内部生产业务的中枢节点，营销管理系统作为电力营销领域的核心应用，与各系统之间存在广泛且紧密的集成关系。其中，营销管理系统通过与电网管理平台集成，将用户信息与电网"站—线—变"的拓扑网络关联起来，实现"站—线—变—户"关系、停电信息、设备位置、设备状态等信息的共享，支撑了营配调协同、停电管理、故障报修、线损分析、电子化移交、业扩辅助报装等工作；通过与财务管理系统的集成，实现电量电费、电费发票等信息的共享；通过与外部代收机构集成，实现用户信息、代收信息的共享；通过与计量自动化系统集成，实现电量数据的共享。营销管理系统与其他系统的集成关系如图7-9所示。

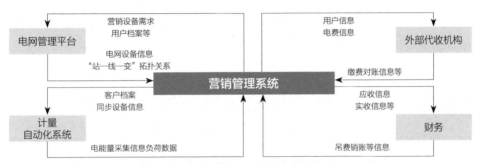

图 7-9 营销管理系统与其他系统的集成关系

3. 营销管理系统的功能

营销管理系统包括PC端应用和移动端应用两个部分。其中，PC端应用作为营销管理系统的主要支撑部分，涵盖了业扩管理、电价电费管理、市场化交易管理、客户服务管理等功能模块；移动端应用作为营销管理系统的"移动版"，能够支撑营销现场作业、流程审批办公和营销关键指标监测等业务。在移动端应用中，现场工作人员能够通过"点一点""扫一扫"等操作，直接上传现场勘查图片、录入勘查信息、识别计量点信息、获取地理位置，实现通过简单操作就能快速完成业务办理的效果；同时，现场工作人员还能通过作业表单电子化、电子化签名等功能，实现现场作业无纸化、简单化。移动作业应用是营销工作人员现场作业的辅助工具，可减轻营销工作人员的工作负担，规范基层班组日常工作和服务行为，提高工作效率和服务水平，助力营销工作人员更好地服务客户。

7.3.2 计量自动化系统

计量自动化系统由系统主站、计量采集终端和网络通信装置三部分组成，主要功能包括厂站电能计量遥测、大客户负荷管理、低压用户集抄与配电变压器计量监测等，支撑电费计量核算、电力市场交易等营销基础业务。随着智能电能表和低压集抄的全面覆盖，电量数据采集的频率和维度不断丰富，计量自动化系统在传统计量主站的基础功能上，依托电能量数据平台逐步拓展计量数据的高级分析应用功能，用以支撑线损监测分析、停电分析、配电变压器重过载、三相不平衡分析等工作，以更好地提升客户服务水平和供电服务质量。计量自动化系统总体结构图如图7-10所示。

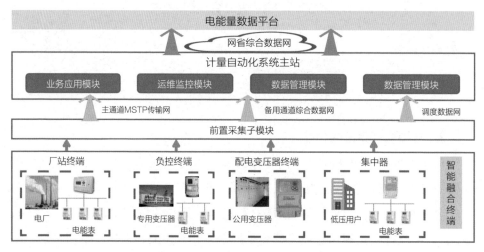

图 7-10   计量自动化系统总体结构图

1. 计量自动化主站

计量自动化主站是具有选择终端并与终端进行信息交换的计算机设备，包括前置采集、数据维护存储、业务处理和综合应用等部分。作为系统的核心部分，计量自动化主站具有监控异常数据、验证运维效果和分析集抄数据等功能。

2. 计量自动化终端

计量自动化终端是部署在发电、输电、变电、配电、用电不同环节，用于采集各环节电量数据的装置，包括厂站终端、负控终端、配电变压器终端、集中器以及智能融合终端。其中，厂站终端是采集电厂侧电能表数据的装置，主要用于支撑与电厂的电费结算及内部监控考核等业务；负控终端是采集专用变压器用户电能表数据的装置，具有对专用变压器用户设备的工况、电负荷和电能量监控功能，主要用于专用变压器用户电费结算；配电变压器终端是采集配电变压器电能数据的装置，自带电能计量功能，不需要配置电能表，主要用于支撑线损计算及配电运维工作；集中器是采集低压用户电能表数据的装置，主要用于打包所采集的低压用户电量数据，能够支撑低压用户的电费结算，并实现低压集抄。

3. 电能量数据平台

电能量数据平台是电能量数据采集、应用的重要支撑系统，能够通过对从计量自动化系统采集的多维度电量数据进行计算、存储和加工，实现计量业务整体情况的全方位展示，监管各省计量自动化系统应用情况，并对所有计量数据进行统一管理、统一分析、统一应用，为生产、规划、基建和营销等领域的业务开展提供决策支持。电能量数据平台划分为数据管理、监测中心、数据统计分析、智能运维支撑、辅助决策等功能模块。

7.3.3 客户服务应用

客户服务应用是为客户提供服务的平台或服务渠道，包括95598、互联网服务应用、智能自助服务终端等。客户服务应用作为受理客户业务诉求的统一入口，面向所有客户提供客户咨询、业务办理、信息查询等服务，实现了线上、线下客户服务渠道的统一和信息汇集。客户服务应用结构如图7-11所示。

95598客服中心基于IM即时通信组件，利用人工智能和大数据分析技术，为客户提供电力故障报修、业务咨询、信息查询、服务投诉举报等服务。

互联网服务应用（包括网上营业厅、掌上营业厅、微信公众号、支付宝生活号，简称"网掌微支"）为用户提供电费查缴、用电报装、业务变更、停电信息查询等基础服务和电动汽车、配电运维、商业保供电等增值服务。互联网服务应用通过与数字政务联动，提供刷脸办电、证照共享等功能，实现用电客户电子证照信息自动识别、人脸识别快速办电，有助于提高客户办理业务的便捷度。

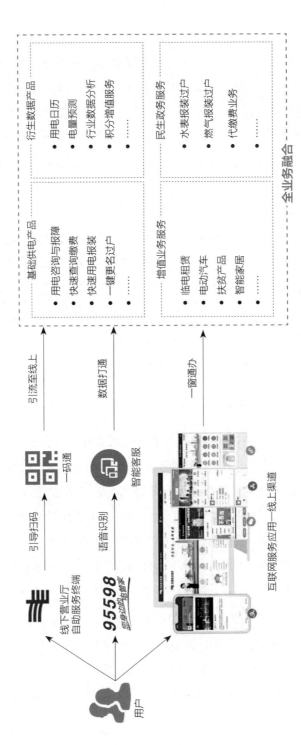

图 7-11 客户服务应用结构

智能远程视频柜员机（video teller machine，VTM）自助服务终端融合传统营业厅的服务功能，集电费缴纳、综合查询、用电申请、用电变更等多功能于一体，为客户提供智能化和多样化互动服务。同时，智能终端也提供证件扫描、报告打印等基础服务。

7.3.4 统一电力交易平台

统一电力交易平台是为发电企业、售电公司、电力用户等市场主体提供统一电力交易服务的平台，支持开展多品种、多周期交易，同时能对电力市场运行进行全过程、多维度的监视，统一电力交易平台总体结构如图7-12所示。统一电力交易平台的功能主要包括市场主体注册与申报、中长期交易市场的批发与零售结算、现货市场的批发与零售结算，并为电费结算提供市场化结算依据等。统一电力交易平台通过市场管理模块对市场主体的准入、注册、变更、退出进行管理，维护市场主体档案信息；通过交易组织模块组织市场主体参与中长期交易和现货交易，并公布交易出清信息；通过市场结算模块将交易结果按月进行结算，并将市场化结算依据反馈给营销管理系统进行电费结算；通过全景监视模块实现市场数据的分析和共享，满足市场运营全景监视功能需求。

图 7-12　统一电力交易平台总体结构

7.4 数字营销展望和趋势

7.4.1 当前面临的挑战

1. 用户需求感知能力不足

随着生活水平的提高以及用户消费模式的变化，电力用户的需求不断升级，呈现出从单一到多元、从基础到高级、从静态到动态的变化趋势。电力用户在办电、用电、交费等环节更加关注效率和客户体验，传统电力营销服务侧重于业务流程的规范性，对用户多元化需求的感知及响应能力不足，难以适应新时期的市场变化。

2. 数据治理难度大

营销系统与其他业务系统数据交互密切，对跨系统流程和数据协同性要求较高。但是，由于系统存量数据基数大、系统间客户模型及档案不一致、"站—线—变"与"户"的全链路数据未贯通、人工录入数据质量不高等问题仍然存在，导致营销领域数据治理难度大、数据融合不足，海量电力数据难以充分发挥价值，支撑营销增值业务开展。

3. 供电服务模式将发生重大变化

随着电力市场的发展，以及分布式能源、储能、新能源汽车等新型负荷的接入，用户从单纯的消费者向"产销者"转变，将深刻改变传统电力营销服务模式，推动电网企业从单一供电服务角色向能源生态系统服务商转型。在此过程中，带来的业务边界和市场规则的不确定性，对平台技术支撑能力和系统快速响应能力提出更高要求，成为电力营销数字化转型过程中面临的巨大挑战。

7.4.2 数字营销发展方向

电力营销的数字化转型要坚持"以客户为中心，以市场为导向"的出发点，围绕"提高管理效率、提升服务质量"的目标，实现客户服务数字化、运营管理数字化、作业执行数字化，推动现代供电服务体系构建，从而为客户提供可靠、便捷、高效、智慧的新型供电服务，全面满足人民追求美好生活的能源电力需要。

（1）以"解放用户"为核心，创新构建数字营销服务体系。能源结构、消费结构和科技水平的发展使电力消费者的认知发生了巨大变化，传统的营销服务模式已无法满足电力用户的需求。面对快速变化的市场环境，需要以用户为核心，构建基于数字技术的全新数字服务体系，摆脱固有业务场景定义的局限性，实现产品组合多元化、交互体验个性化、技术应用智能化的服务场景创新，从而全面满足新一轮能源技术革命下用户的新期待、新需求，实现与用户共同创造价值。

（2）以数据驱动为重要手段，提升客户精准服务能力。在数字营销时代，数据是电力营销的核心关键点。依据客户统一数据模型，融合贯通客户行为数据、用电用能数据、业务数据、第三方数据等信息，提升对用电用能客户全视角需求的洞察能力；同时，通过数据分析，建立用户画像，从而辅助支撑精准营销推荐、用电日历等个性化应用，提高供需双方互动性，优化客户服务体验。

（3）以"前中后台理念"为导向，打造敏捷IT运营模式。随着外部市场环境的快速变化，营销业务变革将越来越频繁。在这一态势下，IT快速响应业务需求变化的能力成为数字营销发展的关键。通过云化、微服务化改造，推动系统功能解耦，让面向市场和用户增值服务等特定领域的创新应用和数据与传统复杂、固化、稳定的内部流程管理系统解耦，让需要快速响应的应用系统跑得更快，让可复用的功能组件复用性更强，从而支撑构建"敏捷前台、高效中台、坚强后台"的创新业务体系，推动业务运营平台化，前端服务敏捷化。

7.5 数字营销典型应用场景

7.5.1 客户办电"一步都不跑"

针对客户在办电过程中，需要准备大量相关证明材料、到现场确认供用电方案、签署供用电合同，导致办电手续复杂、流程持续时间长等问题，客户服务应用利用人工智能技术，与数字政务平台对接，将刷脸认证、政务证照共享、

OCR等功能融入客户办电流程，通过刷脸实现自动获取电子证照，减少办电证件资料录入，提升客户办电便捷性。同时，客户服务应用通过人脸识别技术开展在线电子签章服务，实现供电电子合同在线签署，贯通了线上办电全流程。

"刷脸办电"等业务的开展，不仅极大缩短了客户办电时间，提高了客户办电便捷度，而且减少了实体营业厅人力投入，降低了供电企业服务成本，真正实现客户办电"一步都不跑"。

贵州电网通过"南网在线"App，对接省级政企交换平台，实现居民"刷脸办电"、企业"一证办电"。居民用户无需提供身份证、不动产登记证等材料，只需下载"南网在线"App，"刷一刷""点一点"即可从政务平台获取不动产权数据，5min内即可完成用电报装业务。企业用户只需点一点"在线获取"即可从政务平台获取营业执照信息进行用电办理，实现零上门、零审批、零投资的"三零"服务。刷脸办电等服务的提供实现了互联网用电业务办理比例达到99.3%，客户平均接电时间下降了22%，供电企业平均服务成本从实体营业厅的33.7元/宗降低到0.71元/宗。"南网在线"App刷脸办电界面如图7-13所示。

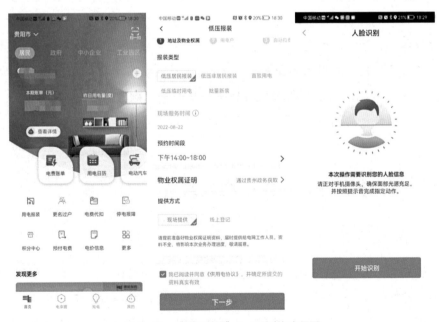

图 7-13　"南网在线"App 刷脸办电界面

7.5.2 智能电能表与低压集抄

传统人工抄表的方式需要耗费大量的人力物力，并且存在估抄、漏抄、错抄等风险。针对上述问题，智能电能表和低压集抄依托计量自动化系统，能够实现对低压用户用电数据的自动采集，避免了人工抄表可能出现的差错，有效防止窃电行为的发生，同时减少了基层工作人员的投入，从而达到降本增效的目的。智能电能表以及低压集抄实现全覆盖，将进一步提升电网的智能化服务水平，让客户享受到更优质的供电服务。智能电能表与低压集抄如图7-14所示。

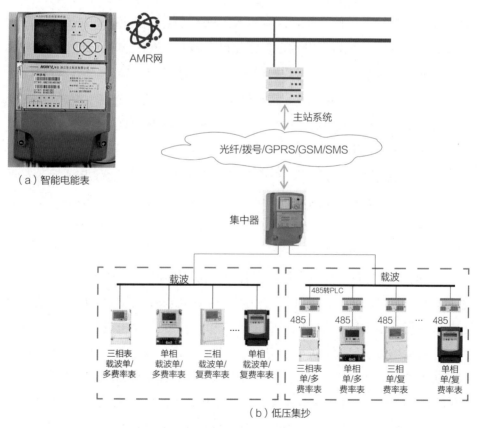

图 7-14 智能电能表与低压集抄

2016年，南方电网公司全面启动智能电能表和低压集抄全覆盖工作部署。2017年，完成了海南电网、深圳供电局、广东电网广州供电局智能电能表和低压集抄全覆盖。全网已基本实现智能电能表覆盖率100%、低压集抄覆盖率100%。"两覆盖"全面推广后，电费抄核收效率大幅提升，抄表时间由10天左右缩短为1天左右，抄表到账单发行的时间由20天压缩到3~8天；人力资源节约5万余人：大量抄表人员不用再挨家挨户去抄表，分别转岗进入计量运维、营配综合和客户服务等班组，极大提升了计量运维专业技能水平及客户服务水平。

7.5.3 RPA机器人

电力营销业务流程复杂，工作耗时、费力、重复，需要投入大量的人力、物力来处理基础性工作。针对这些问题，机器人流程自动化（robotic process automation，RPA）机器人能够根据预先设定的程序操作指令，通过软件模拟人类在电脑上的操作，按一定的规则去自动化执行流程，实现辅助或替代营销工作人员完成重复性、机械性、周期性工作。RPA机器人在业扩计量、计费结算、客户服务、台区线损、用电采集、营销稽查等领域均有广泛的应用，主要包括基本电费自动化核算、自动催缴、自动收费、低压居民批量新装录入、95598故障工单超时自动预警、基本电费自动稽查等应用场景。RPA机器人能够将营销业务人员从重复烦琐的工作中解放出来，从而降低人工劳动强度、减少出错率、加速业务流程流转，实现工作的自动化和智能化，有效提高营销基层工作效率和业务服务水平。

例如，广东电网东莞供电局开发的计量故障追补稽查机器人，可实现故障追补智能化、自动化。计量故障追补稽查RPA机器人通过读取工单故障信息受理环节关键字眼描述，自动检索是否有电能计量装置故障电量退补工单生成，并通过提取旧表表码数据进行稽查核对，最后自动生成核查结果。机器人自动完成追补稽查，整个执行过程无需人工参与，执行速度快，能够将稽查人员从"海量"数据筛查工作中解放出来，提升工作效率86%以上，让稽查人员有更多精力分析问题、防控问题。2021年月均核查样本提升至2500个，共累计发现问题样本32个，追回差错电量10.62万kWh。

7.5.4 基于电力大数据的碳排放监测应用

"双碳"目标下，加快建立统一规范的碳核算体系，对夯实碳排放数据基础，支撑实现"双碳"目标具有重要意义。电网作为连接电力生产和消费的"桥梁"，从业务和数据上链接了上游发电企业和下游重点用电企业，在减碳上具有重要的枢纽作用。利用电力营销大数据准确性高、实时性强且能充分反映区域经济和企业经营状况等优势，激发电力大数据价值，充分挖掘"电—碳"相关性，建立电力大数据与碳排放量之间的关联关系，构建基于电力大数据的碳排放监测核算模型，实现全国及分地区、分行业、分企业碳排放动态计算，有助于系统全面、准确可信地摸清碳排放"家底"，为"双碳"政策制定和动态监测提供数据支撑，从而助力"双碳"目标实现。

南方电网公司以行业级、企业级电力消费数据为基础，融合应用能源消耗数据，制订了基于电力大数据的企业碳计量方法，并建设了能源消费侧碳排放监测平台（如图7-15所示），实现了对广东省各地市、各区域、各行业以及重点监测企业的月度碳排放量趋势分析及监测。通过监测发现，在用电碳排占比方面，2020年广东省各行业用电碳排放量2.61亿t，较2016年增长18.36%，占总碳排放量的51.8%。交通运输，仓储和邮政业，农林牧渔业，批发、零售和餐饮业，制造业用电碳排占比低于60%，具有较大电能替代市场前景。

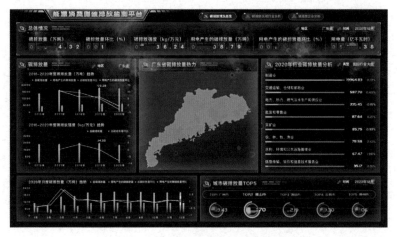

图 7-15　能源消费侧碳排放监测平台界面

名词解析

一级 负荷	指对供电连续性要求最高的负荷，如果对该负荷中断供电，将对政治、经济造成重大损失，或造成人身事故、主要设备损坏且长期难以修复。
二级 负荷	指中断供电将在政治、经济上造成较大损失，影响重要用电用户正常工作，且需要很长时间才能恢复，如造成重点企业大量减产、工人窝工、机械停止运转、城市公用事业、基础设施受到影响。
三级 负荷	不属于第一、第二级负荷的其他负荷。短时停电不会带来严重后果，如工厂的不连续生产车间或辅助车间、小城镇、农村用电等。
一次 设备	指直接参与生产和输、配电能的相关设备，包括电力线路、电力变压器、高压断路器、隔离开关、互感器等。
电力 线路	输配电线路的统称，主要用于电能的输送，按其结构可分为架空线路和电缆线路。架空线路的主要元件包括导线、架空地线、金具、绝缘子、杆塔、拉线和杆塔基础；电缆线路一般由导体、绝缘层、护层、屏蔽层、电缆附件、电缆线路附属设备、电缆线路构筑物组成。220kV 以上电压等级电力线路以架空线路为主。
电力 变压器	指利用电磁感应原理，将一种等级电压和电流的交流电能转换成另一种等级电压和电流的交流电能的电气设备，其主要部件是绕组和铁芯。

高压断路器 >	指能闭合、承载以及分段正常电路条件下的电流，也能在规定的异常电路条件（如短路）下闭合、承载一定时间和分断电流的机械开关器件。主要结构分为导流部分、灭弧部分、绝缘部分、操动机构部分等。
互感器 >	指利用电磁感应原理，将运行中的高压电气设备的高电压和大电流按照一定的比例，感应成低电压和小电流，从而提供二次装置使用的电气设备。互感器按照使用类型可分为电压互感器和电流互感器。
隔离开关 >	指没有专门的灭弧装置，可与断路器配合，通过机械动力或人力接通或切断电气回路的导电设备，又称为刀闸。
阻波器 >	指由电感线圈和电容器组成的电气设备，应用于超高压、长距离输电线路的终端。
母线 >	指在发电厂和变电站各级电压的配电装置中，将发电机、变压器和各种电气设备、分支线路连接的导线称为母线。母线用来传输、汇集和分配电能，包括软母线、硬母线和金属封闭母线。
避雷器 >	指电阻可随电压变化的耐高压接地装置，主要用来限制过电压。
二次设备 >	指对一次设备进行监视、控制、调节，为检修人员提供一次系统运行工况及生产指挥信号的设备。
继电保护装置 >	由互感器、继电器等电气设备构成，基本任务是自动、迅速、有选择性地将故障元件从电力系统中切除，反映电气元件发生故障或不正常运行状态，并根据运行维护条件，动作于发出信号或跳闸的一种自动装置。

安全自动装置	>	为了防止电力系统失去稳定性、避免电力系统发生大面积停电事故的自动保护装置。包括同步运行稳定、运行频率稳定和运行电压稳定三种形态。
通信自动化设备	>	包括光纤设备、电力线载波、数字微波、调度及行政交换、数据网、通信安全防护、通信电源等设备，用于满足电网运行、维护和管理的信息传输需求。
虚拟电厂	>	是一种集成多种类型的电源以提供可靠的整体电源的系统。来源通常由不同类型的可调度和不可调度、可控或灵活负载分布式发电系统组成的集群，这些系统由中央机构控制，并且可以包括微型热电联产，天然气往复式发动机、小型风力发电厂、光伏、河道水力发电厂、小型水力、生物质、备用发电机和储能系统。
智能网关	>	是一种网络设备，相比传统网关更加智能化，一般提供全面中小型网络接入服务，支持有线接入、无线接入、多 WAN 出口。
生产控制大区	>	由具有数据采集与控制功能、纵向连接使用专用网络或专用通道的电力监控系统构成的安全区域。
管理信息大区	>	生产控制大区之外，主要由企业管理办公业务系统及办公网络构成的安全区域。
控制区（Ⅰ区）	>	实时控制区，凡是具有实时监控功能的系统或其中的监控功能部分均应属于Ⅰ区。
非控制区（Ⅱ区）	>	原则上不具备控制功能的生产业务和批发交易业务系统均属于Ⅱ区。
遥测	>	通过远程测量的方式，采集并传送运行参数，包括各种电气量（线路上的电压、电流、功率等量值）和负荷潮流等。
遥信	>	通过远程信号的方式，采集并传送各种保护和开关量信息。

遥控	通过远程控制的方式，接受并执行遥控命令，主要是分合闸，对远程的一些开关控制设备进行远程控制。
遥调	通过远程调节的方式，接受并执行遥调命令，对远程的控制量设备进行远程调试，如调节发电机输出功率。
遥视	通过远程视频的方式，采集并传送现场视频信号，提供对现场运行环境最直观的监视手段。
供电量	指供电负荷在一段时间内供出的电能量（供电负荷即用电负荷加上同一时刻的线路损失负荷,用电负荷是指发电厂或电力系统中,在某一时刻所承担的负荷）。
售电量	指供电企业通过电能计量装置测定并记录的各类电力用户消耗使用的电能量的总和。供电量＝售电量＋损耗电量。
线损率	指电力网络中损耗的电能（线路损失负荷）与向电力网络供应电能（供电负荷）的百分数。线损率＝（供电量－售电量）／供电量。
上网电价	指发电企业与购电方进行上网电能结算的价格。其中，计划电由政府定价（如核电、生物质发电等），市场电由市场竞争机制定价（如煤电等）。
输配电价	指电网企业提供输配电服务所收取的价格，采取"准许成本＋合理收益"的政府定价机制。
销售电价	指终端用户使用电能所支付的价格。根据用户用电性质的不同，销售电价可分为居民生活用电、农业生产用电、工商业及其他用电三类，是整个电力价格系统的"神经末梢"。
政府性基金及附加	由国务院批准，通过电价征收的非税收收入。

供电电压	高压供电：10、35、63、110、220kV； 低压供电：单相 220V、三相 380V。
供电方式	（1）按电压分为高压和低压。 （2）按电源数量分为单电源与多电源。 （3）按电源相数、供电回路分为单相与三相。 （4）按计量形式分为装表与不装表。 （5）按用电期限分临时与正式。 （6）按管理方式分为直接与间接（委托）、直供与趸售供电。
公用变压器用户	供电企业在用电地区设置的供广大用户使用的变压器为公用变压器。产权归供电局所有，由公用变压器供电的用户为公用变压器用户。
专用变压器用户	指使用专用变压器供电的用户，专用变压器用电是用电单位自备并负责保养的，也有委托供电企业保养的，负责本单位的供电。专用变压器用户分为公线专用变压器用户和专线专用变压器用户。专线是指专门架设给单一专有用户使用的供电线路，公线是指多用户使用的供电线路。
电子化移交	将配电网、营销基础数据在信息系统的维护工作固化到客户受电工程竣工验收环节中，实现图形、基础数据的实时、动态管理。
计量点	一套计量装置（有功、无功）为一个计量点，如果一户有多个有功表，则有多个计量点。电能表执行的电价、计不计力调、计不计变损、收不收基本电费等信息都是反映在计量点上，最终的电量电费计算结果也是保存在计量点上的。

参考文献

[1] 孟振平. 解放用户：以人民为中心的现代服务理念与实践[M]. 北京：中共中央党校出版社，2021.

[2] 白玫. 新中国电力工业70年发展历程与经验启示[J]. 价格理论与实践，2019（6）：42（6）：4-10.

[3] 舒印彪，康重庆. 新型电力系统导论[M]. 北京：中国科学技术出版社，2022.

[4] 张智刚，康重庆. 碳中和目标下构建新型电力系统的挑战与展望[J]. 中国电机工程学报，2022，42（8）：2806-2818.

[5] 周剑. 数字化转型架构与方法[M]. 北京：清华大学出版社，2020.

[6] 吴张建. 中国电力产业数字化[M]. 北京：中国电力出版社，2021.

[7] 国网能源研究院有限公司. 国内外能源电力企业数字化转型分析报告2021[M]. 北京：中国电力出版社，2021.

[8] 中国信息化百人会课题组. 数字经济迈向从量变到质变的新阶段[M]. 北京：电子工业出版社，2018.

[9] 克劳斯·施瓦布（Klaus Schwab）. 第四次工业革命转型的力量[M]. 北京：中信出版社，2016.

[10] 董锴. 主网调度分册[M]. 保定：河北大学出版社，2021.

[11] 永秀，鲁能，李双媛. 双碳目标提出的背景、挑战、机遇及实现路径[J]. 中国经济评论，2021：3（5）：8-13.

[12] 高世楫，俞敏. 中国提出"双碳"目标的历史背景、重大意义和变革路径[J]. 新经济导刊，2021：22（2）：4-8.

[13] 马露露，蒋金荷. 低碳能源转型下中国风电产业发展的挑战与对策[J]. 中国能源，2021，43（11）：27-33，47.

[14] 苏文婧，苏适，杨洋，等. 以新能源为主体的新型电力系统建设面临的问题[J]. 云南电力技术，2022，50（1）：24-28.

[15] 黄雨涵，丁涛，李雨婷，等．碳中和背景下能源低碳化技术综述及对新型电力系统发展的启示[J]．中国电机工程学报，2021，41（增刊1）：28-51．

[16] 杨淑英．电力系统概论[M]．2版．北京：中国电力出版社，2012．

[17] 杨淑霞．电力企业市场营销[M]．北京：中国电力出版社，2013．

[18] 肖勇，周尚礼，张新建，等．电能计量自动化技术[M]．北京：中国电力出版社，2011．

[19] 李光琦．电力系统暂态分析[M]．2版．北京：中国电力出版社，1995．

[20] 陈珩．电力系统稳态分析[M]．2版．北京：中国水利电力出版社，1985．

[21] 中国南方电网有限责任公司．数字电网白皮书[R]．深圳：第十七届中国南方电网国际技术论坛，2020．

[22] 中国南方电网有限责任公司．数字电网实践白皮书[R]．深圳：第一届届中央企业数字化转型峰会，2021．

[23] 中国南方电网有限责任公司，中国电力企业联合会．数字电网标准框架白皮书[R]．广州：第十八届中国南方电网国际技术论坛，2022．

[24] 中国信息通信研究院．中国数字经济发展白皮书[R]．北京：第十六届中国互联网大会，2017．

[25] 国网能源研究院有限公司．能源数字化转型白皮书[R]．西安：第十七届中国分布式能源国际论坛，2021．

[26] 国网安徽省电力有限公司．电网数字化发展知识手册[M]．北京：中国电力出版社，2021．

[27] 中国南方电网有限责任公司．数字电网推动构建以新能源为主体的新型电力系统白皮书[R]．广州：《数字电网推动构建以新能源为主体的新型电力系统白皮书》发布会，2021．